职业教育课程改革与创新系列教材

单片机应用与调试（C 语言版）

主编　王国明
参编　吴荣森　宋维君
主审　袁喜国

机 械 工 业 出 版 社

本书采用"教学做一体化"的项目式课程体系结构编写完成，全书共设计了十四个项目，前十个项目是基础实训项目，涵盖了单片机最小系统、C51 编程基础、键盘控制、LED 和点阵显示、中断、定时/计数等基础知识和技能，项目十一至十三为提高项目，项目十四为综合实训项目。每个项目由若干个工作任务组成，每个工作任务均融入了单片机应用与调试岗位所要求的知识、技能。在教学活动中以十四个项目为载体，以工作任务为驱动，组织教学。项目由易到难，循序渐进，前面的项目是后面的基础，项目之间具有逐步递进的关系。

　　为方便教师教学，本书提供了电子教案、课件、电路原理图、电路板实物图和相关 C51 源程序等教学资料，可登录 www.cmpedu.com，免费登录注册下载。本书可作为中等职业学校电子信息类专业、电气控制及自动化类专业的教学用书，也可以作为各类 51 系列单片机培训班入门教材。

图书在版编目（CIP）数据

单片机应用与调试：C 语言版/王国明主编. —北京：机械工业出版社，2013.8（2019.6 重印）

职业教育课程改革与创新系列教材

ISBN 978-7-111-43601-0

Ⅰ.①单…　Ⅱ.①王…　Ⅲ.①单片微型计算机－职业教育－教材②C 语言－程序设计－职业教育－教材　Ⅳ.①TP368.1②TP312

中国版本图书馆 CIP 数据核字（2013）第 180989 号

机械工业出版社（北京市百万庄大街 22 号　邮政编码 100037）

策划编辑：高　倩　责任编辑：高　倩　崔利平　版式设计：常天培
责任校对：佟瑞鑫　封面设计：陈　沛　　　　　责任印制：孙　炜
北京中兴印刷有限公司印刷
2019 年 6 月第 1 版第 5 次印刷
184mm×260mm·12.5 印张·307 千字
6 401—7 400 册
标准书号：ISBN 978-7-111-43601-0
定价：27.00 元

前　言

　　根据中等职业学校学生的知识水平、认知特点以及职业技能培训要求，并参照了单片机应用系统实际制作和调试岗位流程，我们将传统的单片机理论课程与配套实训课程整合为一门综合理论实践一体化课程，并涵盖了电子电路制作、电路仿真与调试、软件编程和程序下载等内容，本书即为该整合课的配套教材，编写过程中以促进学生综合职业能力提高为根本目标，依照"项目导向、任务驱动、能力培养"的现代职业教育理念，适应于全新的"教学做"一体化的项目课程教学模式。本书将单片机的工作原理、C51编程等相关知识融入到兼具趣味性与实用性的项目中，摒弃了枯燥的单片机指令系统和汇编语言的讲述，打破了传统的单片机学科教学体系，不再将单片机作为一门计算机原理课程来学习。

　　本书具有软硬结合、虚实结合的特点。单片机应用系统包括硬件和软件两大部分，硬件电路是基础，是软件编程的平台。传统的单片机教学过分注重软件编程的学习，在硬件电路方面只是做一些验证性的实验，人为地将硬件和软件编程割裂开来，造成了软硬件脱节的现象。为了让学生深入理解硬件电路，项目中的大部分电路由学生独立焊接完成，可以有效地锻炼学生的动手能力。虚实结合是指软件虚拟仿真和实际电路制作调试相结合，虚拟仿真可以解决单片机教学中普遍存在的硬件实验条件要求高、入门学习门槛过高的难题，即使没有硬件电路板和编程开发工具，一样可以学习单片机的软件编程。

　　为配合做学教一体化的教学模式，本书的编写体例做了如下设计：

【任务描述】

【学习目标：知识和技能目标】

【任务分析（所用工时、工作任务流程）】

【设备、仪器仪表及材料准备】

【任务实施】

（1）识读电路原理图

（2）绘制仿真电路图

（3）绘制程序流程图

（4）编写程序

（5）软件仿真与调试

（6）硬件电路制作

（7）程序下载与调试

【相关知识】

【任务拓展】

【评价分析】

本书建议学时如下：

模块	项目序号	项目名称	涉及的单片机功能模块	课时安排
基础模块	项目一	单片机最小系统	单片机最小系统、程序编写、编译与下载（编程器应用）	8
	项目二	彩灯闪烁	仿真软件的应用	8
	项目三	流水彩灯	I/O 端口控制与 C51 编程	12
	项目四	密码锁	键盘接口（独立和矩阵键盘）	8
	项目五	航标灯	定时器和外部中断	8
	项目六	倒计数器	数码管显示	10
	项目七	LED 电子秒表	定时器、键盘和显示综合应用	10
	项目八	LED 点阵显示广告牌	LED 点阵显示	10
	项目九	产品计数器	利用串行口静态显示	14
	项目十	串行口远程控制器	串行口通信	
提高模块	项目十一	"叮咚"门铃	定时器的综合应用	6
	项目十二	调速风扇	脉宽调制、键盘和显示综合应用	6
	项目十三	数字电压表	A-D 转换、键盘和显示综合应用	8
综合模块	项目十四	感应烘手机	所学单片机技术的综合应用	20
合　　计				128

　　本书由青岛电子学校王国明任主编，浙江嘉兴职业技术学院吴荣森、南京电子信息职业技术学院宋维君参编。王国明负责统稿并绘制了全书中的电路原理图和仿真电路图，并对书中的软硬件进行了调试。青岛大学袁喜国教授认真审阅了本书，提出了许多宝贵的修改意见，在此表示衷心的感谢！

　　由于编者水平有限，书中难免存在纰漏之处，敬请广大读者批评指正。

编　者

目 录

提 高 模 块

综 合 模 块

基础模块

项目一　单片机最小系统

本项目将制作一个单片机最小系统电路，并使用该最小系统电路控制某一个发光二极管的亮灭，通过本项目的学习，了解单片机最小系统及单片机的内部结构，掌握单片机应用系统的调试方法。

任务一　制作单片机最小系统

【任务描述】

制作一个 51 单片机最小系统电路。

【学习目标】

1. 知识目标

（1）认识 51 系列单片机，了解其内部组成和信号引脚。

（2）掌握单片机最小系统的组成，了解各元器件的作用。

2. 技能目标

（1）能用万能实验板搭建电路。

（2）能用万用表和示波器等仪器仪表测试电路是否正常工作。

【任务分析】

请按要求在 4 个学时内制作一个单片机最小系统电路板。

（1）识读电路原理图，掌握电路中每个元器件的作用。

（2）按照工艺标准，完成电路的焊接与装配。

（3）使用万用表和示波器完成电路的测试。

制订工作任务流程，如图 1-1 所示。

识读电路图 → 搭建电路 → 测试电路 → 评价

图 1-1　工作任务流程图

【设备、仪器仪表及材料准备】

30W 电烙铁 1 把（见图 1-2），数字（或模拟）式万用表 1 块，尖嘴钳、斜口钳（见图 1-3）、裁纸刀各 1 把，细导线、焊锡和松香若干。

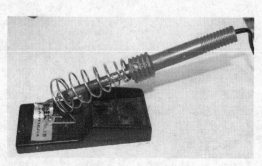

图 1-2　电烙铁

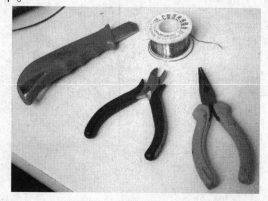

图 1-3　尖嘴钳和斜口钳

【任务实施】

活动一：阅读相关知识及其他资料，识读电路原理图

单片机最小系统是指单片机能够启动，并进行正常工作的最基本硬件条件。图 1-4 是 51 单片机最小系统电路，它包括复位和时钟两部分电路，该电路由如下元器件组成：

（1）9 脚（上电复位电路）：10kΩ 电阻 1 个，10μF/16V 电解电容 1 个，微动开关 1 个。

（2）18、19 脚（单片机时钟电路）：30pF 瓷片电容 2 个，12MHz 晶体振荡器 1 个。

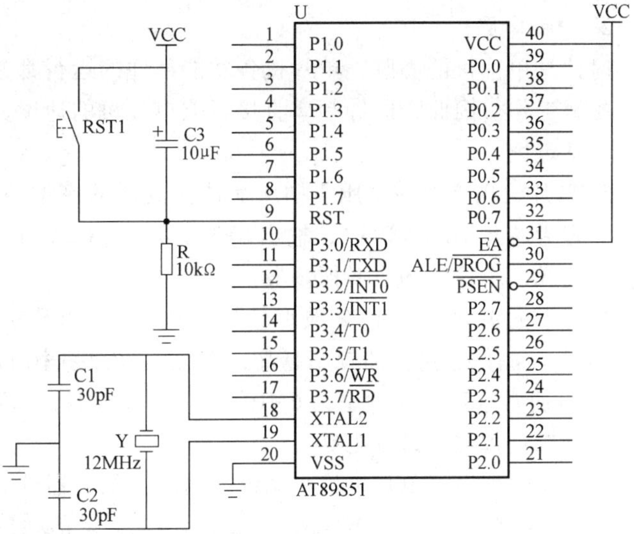

图 1-4 单片机最小系统电路原理图

（3）31 脚：$\overline{EA}$ 接高电平，使用片内 ROM。

（4）20、40 脚：40 接 5V 电源，20 脚接地。

1. 复位电路

单片机在开机时或在工作中因干扰而使程序失控或工作中程序处于某种死循环状态等情况下都需要复位。复位电路的作用是使 CPU 以及其他功能部件都恢复到一个确定的初始状态，并从这个状态开始工作。

51 单片机的复位电路通常有上电复位、手动复位两种电路，如图 1-5 所示。图 1-5a 为上电复位电路，它是利用电容充电来实现的。在加电瞬间，单片机 RST 端的电位与 VCC 相同，随着充电电流的减小，单片机 RST 端的电位逐渐下降。只要保证 RST 端高电平的持续时间大于两个机器周期，单片机便能正常复位。

图 1-5b 为按键复位电路。该电路除具有上电复位功能外，若要手动复位，只需按图

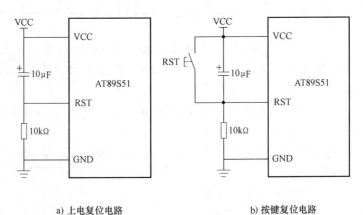

a) 上电复位电路   b) 按键复位电路

图 1-5 单片机复位电路

1-5b中的RST复位按键，此时在单片机的RST端将产生一个高电平复位信号。

2. 时钟电路

时钟是单片机的心脏，单片机各功能部件的运行都是以时钟频率为基准，有条不紊地一拍一拍地工作。因此，时钟频率直接影响单片机的速度，时钟电路的质量也直接影响单片机系统的稳定性。

51单片机内部有一个用于构成晶体振荡器的高增益反相放大器，该高增益反相放大器的输入端为芯片引脚XTAL1，输出端为引脚XTAL2。这两个引脚跨接晶体振荡器和微调电容，就构成一个稳定的自激振荡器。

电路中的电容C1和C2典型值通常选择为30pF左右。晶体振荡器频率的范围通常在3~24MHz。晶体振荡器的频率越高，系统的时钟频率就越高，单片机的运行速度也就越快。51单片机通常选用振荡频率为6MHz、11.0592MHz、12MHz和22.1184MHz的晶体振荡器。

活动二：焊接并装配电路

表1-1中列出了单片机最小系统电路所需的元器件。

表1-1 单片机最小系统电路元器件列表

元器件名称	元器件标号	规格及标称值	数 量
瓷片电容	C1、C2	30pF	2个
电解电容	C3	10μF	1个
电阻	R	10kΩ	1个
AT89S51	U	DIP40	1个
晶体振荡器	Y	12MHz	1个
IC插座		DIP40	1个
微动开关	RST	6mm×6mm	1个
单孔万能实验板			1块

对于简单电路，可以在万能实验板上进行电路的插装焊接。制作步骤如下：

① 按照电路原理图绘制电路元器件排列布局图。

② 在万能实验板中按布局图依次进行元器件的排列、插装。

③ 按焊接工艺要求对元器件进行焊接，背面用 ϕ0.5~1mm软导线连接（也可以使用网线），直到所有的元器件连接好并焊完为止。

> **调试经验：**
>
> （1）在单片机系统调试初期，为调试电路方便，通常不会将单片机直接焊在电路板上，而是焊接一个与单片机引脚数相同的双列直插式插座，以方便芯片的插拔，本电路板采用的是DIP40插座。
>
> （2）晶体振荡器电路应该尽量靠近单片机的18和19引脚，以减小分布电容的影响，使晶体振荡器频率稳定，保证单片机的时钟电路稳定工作。
>
> （3）注意一定要将单片机的EA端（31脚）接+5V电源，初学者容易将此忽略。

图1-6为51单片机最小系统电路实物。

活动三：用万用表和示波器测试电路

通电前，先用万用表的电阻挡检查各种电源线与地线之间是否短路，要特别注意不能将

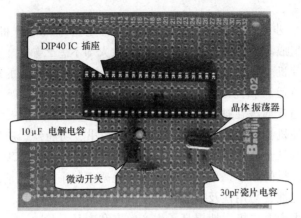

图 1-6 最小系统电路实物

单片机插反。然后在 VCC 与 GND 两端加 5V 直流稳压电源，进行测试。

（1）用万用表的直流电压挡测量各引脚的电压值，并将测得的数值填入表 1-2。

表 1-2 测得的各引脚电位值

引脚号	电位/V	引脚号	电位/V	引脚号	电位/V	引脚号	电位/V
1		11		21		31	
2		12		22		32	
3		13		23		33	
4		14		24		34	
5		15		25		35	
6		16		26		36	
7		17		27		37	
8		18		28		38	
9		19		29		39	
10		20		30		40	

（2）用示波器测量 51 单片机 19 脚的波形。绘制其波形，并计算其频率和周期，填入表 1-3。

表 1-3 51 单片机 19 脚波形

记录示波器波形	示波器	参数
	时间挡位：	频率读数：
	幅度挡位：	周期读数：
	峰峰值：	

【相关知识】

20 世纪开始，人类步入了计算机时代。微机通常是指个人计算机，简称 PC，它由主机、键盘及显示器等组成。还有一类计算机，大多数人却不怎么熟悉。这种计算机就是把智能赋予各种机械的单片机（亦称微控制器）。顾名思义，这种计算机的最小系统只用一片集成电路，即可进行简单运算和控制。它的出现是近代计算机技术发展史上的一个重要里程碑，因为它体积小，通常都藏在被控机械的"肚子"里，起着类似人类头脑的作用，如果它出了毛病，整个被控机械就会瘫痪。单片机具有体积小、功能强、应用范围广等优点。现在，单片机的使用领域已十分广泛。彩电、冰箱、空调、录像机、VCD、遥控器、游戏机及电饭煲等无处不见单片机的影子，单片机早已深深地融入每个人的生活之中。单片机能大大地提高这些产品的智能性、易用性及节能性等主要性能指标，给人们的生活带来舒适和方便的同时，在工、农业生产上也极大地提高了生产效率和产品质量。

1. 单片机的定义

单片机是"单片微型计算机"的简称，它是指集成在一个芯片上的微型处理器（Micro Controller Unit，MCU），其基本功能部件包括中央处理器（Central Processing Unit，CPU）、随机存储器（Random Access Memory，RAM）、只读存储器（Read-only Memory，ROM）和基本输入/输出（Input/Output，I/O）接口电路。这些电路制作在一块集成芯片上，就构成一个相对完整的微型计算机，可以实现微型计算机的基本功能。

单片机应用系统是以单片机为核心，配以输入、输出等外围设备和软件，如图 1-7 所示，可以实现一种或多种功能的实用系统。单片机应用系统是由硬件和软件组成的，硬件是应用系统的基础，软件则是在硬件的基础上对其资源进行合理调配和使用，从而完成应用系统所要求的任务，二者相互依赖，缺一不可。

图 1-7　单片机应用系统

2. 单片机的封装

目前单片机主要有以下 3 种封装形式：PDIP（双列直插塑料封装）、PLCC（带引线的塑料芯片载体）和 PQFP（方型扁平塑料封装）。在实验阶段通常使用 PDIP 或 PLCC 封装，这两种封装的芯片可以插在对应的芯片插座上，便于更换。图 1-8 为单片机的常见封装形式。

3. 单片机的应用场合

单片机广泛应用于智能仪器仪表、消费类电子产品、工业实时控制及机电一体化产品等领域。

a) PDIP　　　　　　　b) PQFP　　　　　　　c) PLCC 封装

图 1-8　单片机常见封装形式

（1）智能仪器仪表：单片机广泛应用于仪器仪表的核心模块中，与传感器配合，可以快速完成各种非电量的测量工作。如智能无线抄表器、超声波测距仪、智能流量表、酒精测试仪等。在各种医疗设备中，单片机也大显身手，如数字血压计、数字心电图仪等。

（2）消费类电子产品：在各种消费类电子产品中，单片机也可以大显身手。目前，几乎所有的家用电器中均采用单片机完成控制功能，如彩电、洗衣机、空调、电磁炉、电饭煲、DVD、手机及智能化玩具等。

（3）工业实时控制：在工业实时控制系统中，单片机通常作为系统控制器，根据被控对象的不同特征采用不同的智能算法，实现期望的控制指标，从而提高生产效率和产品质量。典型应用如电机转速控制、温度自动控制及自动化生产线控制等。

（4）机电一体化产品：单片机的出现也促进了机电一体化技术的发展，它作为机电产品的控制器，充分发挥其自身优点，大大强化了设备的功能，提高了设备的自动化、智能化程度。典型产品如机器人、数控机床、自动包装机、点钞机、医疗设备、打印机、传真机及复印机等。

4. 单片机内部结构及引脚

（1）单片机内部结构如图 1-9 所示。

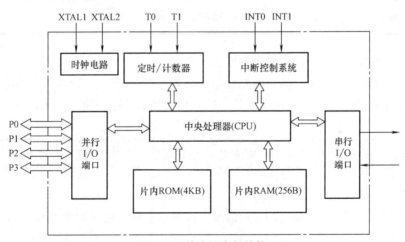

图 1-9　单片机内部结构

（2）引脚及其功能。PDIP 的 AT89S51 单片机共有 40 个引脚，如图 1-10 所示，引脚可分为 I/O 端口、电源、控制、外接晶体振荡器四部分。

1）I/O 端口。AT89S51 单片机共有 4 个双向的 8 位并行 I/O 端口，分别记做 P0 ~ P3，共有 32 根口线。

2）电源和地端（40 和 20 引脚）。VCC（40 脚）接 +5 V 直流稳压电源，VSS（20 脚）是接地端。

3）外接晶体端（18 和 19 引脚）。

图 1-10　AT89S51（PDIP）单片机的引脚示意图

① XTAL1（19脚）：片内振荡器反相放大器的输入端和内部时钟工作的输入端。采用内部振荡器时，它接外部晶体振荡器和微调电容的一个引脚。

② XTAL2（18脚）：片内振荡器反相放大器的输出端，接外部晶体振荡器和微调电容的另一端。采用外部振荡器时，该引脚悬空。

> **调试经验：**正常工作时，XTAL1 和 XTAL2 两个引脚的电位为 2V 左右，用示波器可以看到晶体振荡器输出的正弦波波形，其频率与晶体振荡器的标称值相同。

4）控制线。AT89S51 单片机的控制线有以下几种：

① RST（9脚）：复位信号输入端，高电平有效。当单片机运行时，在此引脚加上持续时间大于两个机器周期（24个时钟振荡周期）的高电平时，就可以完成复位操作，只有完成复位操作，单片机才能正常工作。在单片机正常工作时，此脚应为低电平。

② ALE（30脚）：ALE 为地址锁存允许信号，当单片机上电正常工作后，ALE 引脚不断输出正脉冲信号，此脉冲信号的频率为时钟频率 f_{osc} 的 1/6。

> **调试经验：**如果想判断单片机芯片是否正常工作，可用示波器查看 ALE 端是否有正脉冲信号输出。如果有正脉冲信号输出，则单片机基本上是好的。

③ $\overline{PSEN}$（29脚）：程序存储器允许输出控制端。

④ $\overline{EA}$（31脚）：此引脚功能为内外程序存储器选择控制端。当 EA 端为高电平时，单片机访问内部程序存储器；当保持低电平时，则只访问外部程序存储器，无论是否有片内程序存储器。

> **调试经验：**当前 51 系列单片机均使用片内存储器，因此要将 $\overline{EA}$ 端接 +5V。

【任务拓展】

用示波器测量单片机 30 脚（ALE）的输出波形，测量该信号的频率和周期。

任务二　用单片机控制一个彩灯的亮灭

【任务描述】

目前，市场上有许多用高亮度 LED 制作的彩灯、手电筒和各种花样小台灯，该项目要求用单片机控制 LED 的亮灭。

【学习目标】

1. 知识目标

（1）了解 I/O 端口的控制方法。

（2）掌握软件编程方法。

（3）掌握程序的调试和下载方法。

2. 技能目标

（1）能用万能实验板搭建电路。

（2）能使用 Keil 软件编写、调试 C 语言程序，并生成 HEX 文件。

（3）能用编程器将程序下载到单片机中。

【任务分析】

要求在 4 个学时内完成如下工作：

（1）识读电路原理图，搞清楚每一个元器件的作用。

（2）根据电路原理图，按照工艺要求焊接并装配电路。

（3）绘制程序流程图编写程序，仿真调试程序。

（4）下载程序，测试电路功能。

制定工作任务流程，如图 1-11 所示。

图 1-11 工作任务流程图

【设备、仪器仪表及材料准备】

计算机（含相关软件）1 台，单片机编程器 1 台，30W 电烙铁 1 把，数字（或模拟）式万用表 1 块，尖嘴钳、斜口钳、裁纸刀各 1 把，细导线、焊锡和松香若干。

【任务实施】

活动一：识读电路图

图 1-12 为彩灯控制电路原理图，它是在单片机最小系统电路的基础上增加了一个彩灯控制电路，由发光二极管 LED（模拟彩灯）和限流电阻 R1 组成。

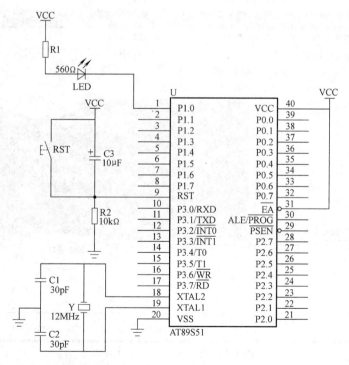

图 1-12 单彩灯控制电路原理图

活动二：焊接并装配电路

表 1-4 为单彩灯控制电路的元器件列表。

表 1-4　单彩灯控制电路元器件列表

元器件名称	元器件标号	规格及标称值	数量	元器件名称	元器件标号	规格及标称值	数量
瓷片电容	C1、C2	30pF	2个	AT89S51	U	DIP40	1个
电解电容	C3	10μF	1个	晶体	Y	12MHz	1个
电阻	R1	560Ω	1个	IC插座		DIP40	1个
	R2	10kΩ	1个	微动开关	RST		1个
发光二极管	LED	红色	1个	单孔万能实验板			1块

活动三：绘制程序流程图，编写程序

表 1-5 列出了该程序的流程图、源程序代码和程序注释。

表 1-5　程序流程图、程序代码及程序注释

程序流程图	源程序代码	程序注释

开始 ↓ P1.0输出 低电平 ↓ 结束	/* -------点亮一个彩灯 . c--------- */
	#include < reg51. h >
	void main(void)
	　　{
	　　　　P1 = 0xfe；
	　　
	　　}
		//包含 51 单片机寄存器定义的头文件
		
		//所有程序均从 main 函数开始运行
		
		// //P1 = 1111 1110B，即 P1.0 输出低电平

1. 启动 Keil μVision2

单击"开始"菜单，选择"程序"项下的"Keil μVision2"就可以启动 Keil，其工作界面如图 1-13 所示，它由工程、文档和输出三个窗口组成。

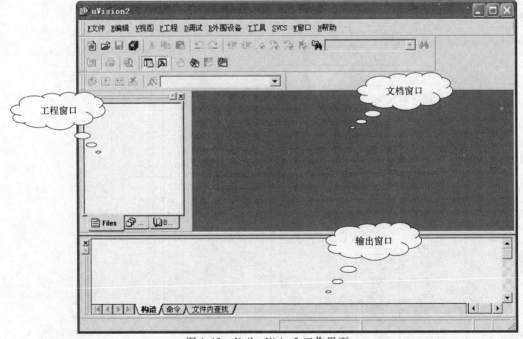

图 1-13　Keil μVision2 工作界面

2. 创建工程文件

创建工程文件的具体步骤如下：

（1）单击"工程"菜单，选择"新建工程"命令（见图1-14），打开"新建工程"对话框。

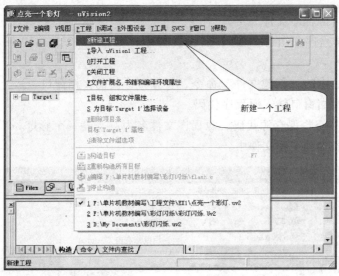

图 1-14　"工程"菜单

（2）在"新建工程"对话框中输入工程文件名，然后单击"保存"按钮，如图 1-15 所示。

图 1-15　"新建工程"对话框

（3）选择单片机型号。从左侧的"数据库内容"栏中选择某公司的一种单片机芯片型号，然后单击"确定"按钮。这里选中的芯片是 Atmel 公司的 AT89C51，如图 1-16 所示。

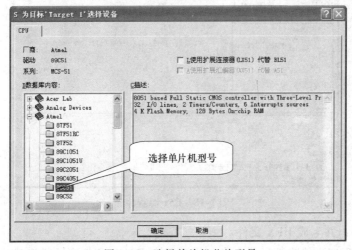

图 1-16　选择单片机芯片型号

3. 建立 C 语言源程序文件

将建立好的源程序文件添加到本工程文件中，如图 1-17 和图 1-18 所示。具体步骤如下：

① 单击工具栏中的"新建文件"命令，打开一个新的文档窗口。

② 在右侧的文档窗口输入源程序代码。

③ 按下"Ctrl + S"保存源代码，源程序文件名为"点亮一个彩灯.c"。

④ 将源程序添加到工程文件中。

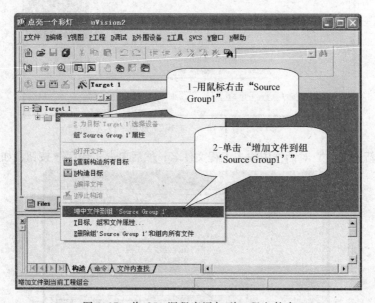

图 1-17　将 C51 源程序添加到工程文件中

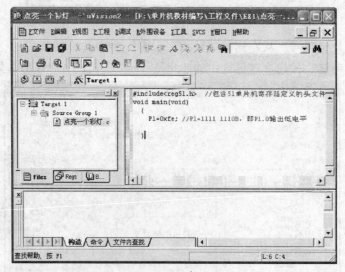

图 1-18　C51 源程序

4. 编译程序，并生成 HEX 文件。

单片机的源程序不能直接运行，必须将源程序通过 Keil C 编译器将其编译成二进制代码文件，然后才可以下载使用，二进制代码文件的扩展名为 HEX 或 BIN。

具体步骤如下：

① 单击"构造"工具栏中的 🛠 "目标选项"按钮，打开"目标属性"对话框，如图1-19 所示。

② 单击"输出"标签，选中"生成 HEX 文件"复选框如图 1-20 所示。

③ 设置 HEX 文件的生成路径和文件名（见图 1-20）。

④ 单击"构造"工具栏中的"构造所有目标文件夹"按钮（见图 1-19），可以编译工程中的所有源程序文件，并生成 HEX 文件，如图 1-21 所示。

图 1-19 "构造"工具栏

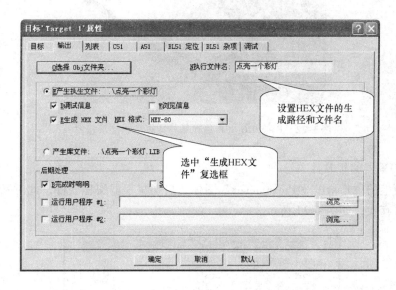

图 1-20 "目标属性"对话框中的"输出"标签

活动四：下载程序，验证功能

可以使用编程器或 ISP 下载线将程序写入单片机。编程器的主要功能是擦除单片机中原有的程序，写入新程序。编程器有很多种，本书主要介绍 EasyPRO 80B 编程器的使用方法。其操作步骤如下：

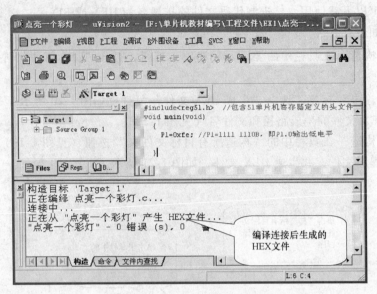

图 1-21　编译程序，生成 HEX 文件

1. 连接硬件

用 USB 数据线连接编程器与计算机，将单片机插入编程器插座中（注意不要插反），开启编程器电源开关，如图 1-22 所示。

图 1-22　EasyPRO 80B 编程器与计算机连接示意图

2. 启动编程器编程软件

双击桌面上的"EasyPRO Programmer"图标，启动编程器编程软件，此时系统会自动探测有无编程器存在，如图 1-23 所示。

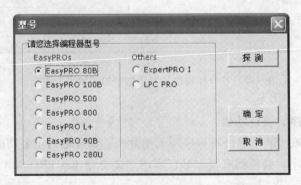

图 1-23　选择编程器型号

3. 加载 HEX 文件

单击"打开"按钮，加载一个 HEX 文件，如图 1-24 和图 1-25 所示。

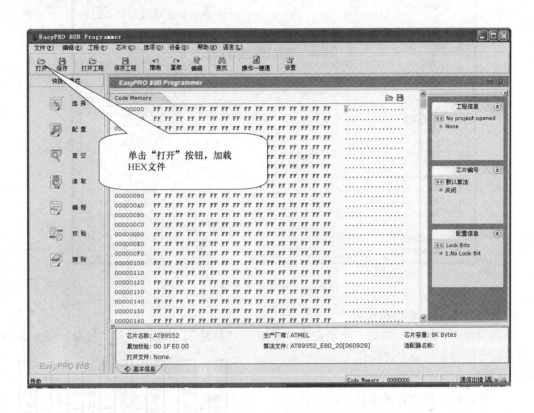

图 1-24 EasyPRO 80B 软件界面

图 1-25 加载 HEX 文件

4. 选择元器件型号

单击"选择"按钮，打开"选择器件"对话框，从中选择一种单片机型号，其具体操作步骤如图 1-26 所示。

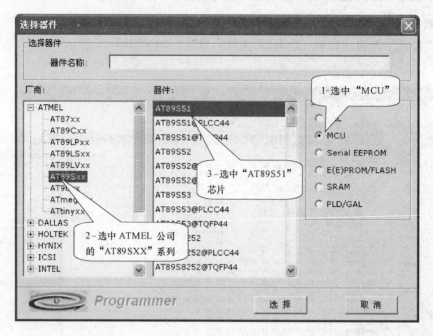

图 1-26　选择单片机型号

5. 查空、擦除、编程和校验

单击"操作一键通"按钮，自动完成"查空"、"擦除"、"编程"和"校验"等一系列操作，也可以分步完成上述操作。

【相关知识】

一、单片机应用与调试流程

单片机系统软硬件开发可分为图 1-27 所示的几个步骤。

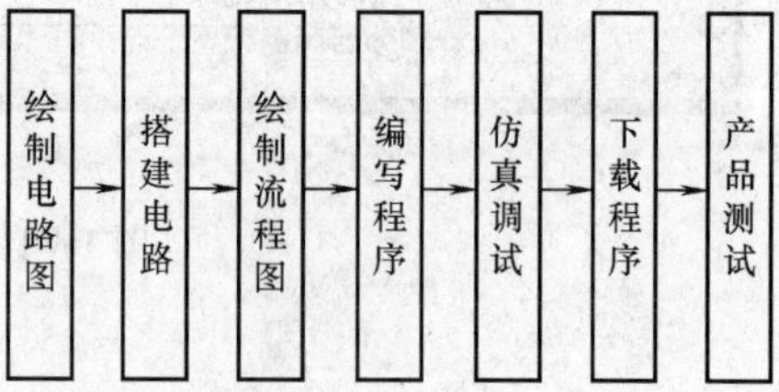

1. 绘制电路图

绘制电路图这一步非常关键，如果电路有错

图 1-27　单片机系统软硬件开发流程示意图

误，程序写得再完美，也不会有正确的结果。

2. 搭建电路

对于一些简单的电路，在实验阶段为了降低成本，可以使用单孔万能实验板来搭建电路，待调试好后，再制作印制电路板。如果没有实验条件，也可以采用 Proteus 仿真软件来搭建虚拟电路。

3. 编程

本书使用德国 Keil 公司的 Keil C51 软件编写程序。

4. 仿真调试程序

仿真调试过程如图 1-28 所示。

在线仿真器（In Circuit Emulator, ICE）是由一系列硬件构成的设备，它能仿真用户系统中的单片机，并能模拟用户系统的

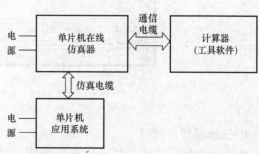

图 1-28　仿真调试过程示意图

ROM、RAM 和 I/O 端口。因此，在线仿真状态下，用户系统的运行环境和脱机运行的环境完全"逼真"。

仿真调试时，仿真器的一端连接到计算机的 USB 接口（或并行端口）上，另外一端有一个仿真头，将仿真头插到电路板的单片机插座上，通过仿真调试软件就可以完成单片机电路仿真。图 1-29 为万利公司生产的仿真器。若没有仿真器，也可以使用 Proteus 仿真软件来完成虚拟的电路仿真调试，本书采用的是虚拟仿真方式。

5. 程序下载

程序下载是指将编译好（一般为 HEX 或 BIN 文件）的程序写入单片机的程序存储器中。仿真调试通过以后，需要将编译好的程序烧写到单片机中，程序烧写的方式主要有编程器烧写和下载线下载两大类，目前市场上流行的下载线有并行口下载线、串行口下载线和 USB 口下载线。编程器烧写方式适合于大批量生产时使用，烧写的速度比较快，下载线下载的优点是成本低廉，不用反复拔插芯片，可完成在系统编程，适合于实验实训过程中使用，因此越来越受到用户的欢迎。

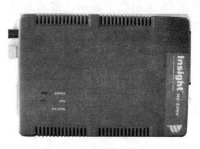

图 1-29 万利仿真器

二、Keil μVision2 软件简介

Keil μVision2 是美国 Keil Software 公司开发的 51 系列兼容单片机 C 语言开发系统，与汇编语言相比，C 语言在功能上、结构性、可读性和可维护性上有明显的优势，因而易学易用。

Keil μVision2 提供了丰富的库函数和功能强大的集成开发调试工具，采用全 Windows 界面。Keil C51 生成的目标代码效率很高，多数语句生成的汇编代码很紧凑，容易理解。在开发大型软件时更能体现高级语言的优势。

μVision 是 C51 for Windows 的集成开发环境（IDE），其工作界面如图 1-30 所示。可以完成编辑、编译、连接、调试和仿真等整个开发流程。开发人员可用 IDE 本身或其他编辑

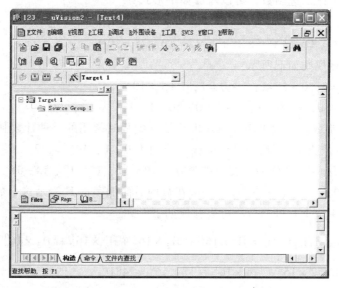

图 1-30 Keil μVision2 工作界面

器编辑 C 语言或汇编语言源文件，然后分别由 C51 及 A51 编译器编译生成目标文件（.OBJ）。目标文件可由 LIB51 创建生成库文件，也可以与库文件一起经 L51 连接定位生成绝对目标文件（.ABS）。ABS 文件由 OH51 转换成标准的 HEX 文件，以供调试器 dScope51 或 tScope51 使用进行源代码阶段调试，也可由仿真器使用直接对目标板进行调试，还可以直接写入程序存储器中。

　　HEX 文件格式是 Intel 公司提出的按地址排列的数据信息，数据宽度为字节，所有数据使用 16 进制数字表示，常用来保存单片机或其他处理器的目标程序代码，一般的编程器都支持这种格式。

三、数制与进制的转换

1. 计算机中常用的数制

　　微型计算机中常用的数制有 3 种，即十进制数、二进制数和十六进制数。数学中把计数制中所用到的数码符号的个数称为基数。

　　（1）十进制数。十进制是最常用的一种进位计数制，其主要特点是：

　　1）十进制数由 0、1、2、3、4、5、6、7、8、9 十个数码符号构成，基数为 10。

　　2）进位规则是"逢十进一"，一般在数的后面加字母 D 表示这个数是十进制数。

　　对于任意的 4 位十进制数，可以写成如下形式：

$$D_3 D_2 D_1 D_0 = D_3 \times 10^3 + D_2 \times 10^2 + D_1 \times 10^1 + D_0 \times 10^0$$

例如：$4321D = 4 \times 10^3 + 3 \times 10^2 + 2 \times 10^1 + 1 \times 10^0$

　　（2）二进制数。二进制是计算机内的基本计数制，在电路中高电平用"1"表示，低电平用"0"表示，其主要特点是：

　　1）二进制数都只由 0 和 1 两个数码符号组成，基数是 2，分别用来表示数字电路中的低电平和高电平。

　　2）进位规则是"逢二进一"。一般在数的后面加字母 B 表示这个数是二进制数。

　　对于任意的 4 位二进制数，可以写成如下形式：

$$B_3 B_2 B_1 B_0 = B_3 \times 2^3 + B_2 \times 2^2 + B_1 \times 2^1 + B_0 \times 2^0$$

例如：$1010B = 1 \times 2^3 + 0 \times 2^2 + 1 \times 2^1 + 0 \times 2^0 = 10D$

二进制的运算规则如下所示：

加法：$0 + 0 = 0$；$0 + 1 = 1$；$1 + 0 = 1$；$1 + 1 = 10$

减法：$0 - 0 = 0$；$1 - 0 = 1$；$1 - 1 = 0$；$10 - 1 = 1$

　　（3）十六进制数。十六进制是单片机 C 语言编程时常用的一种计数制，其主要特点是

　　1）十六进制数由 16 个数码符号构成，分别为 0、1、2、…、9、A、B、C、D、E、F，其中 A、B、C、D、E、F 分别代表十进制数的 10、11、12、13、14、15，基数是 16。

　　2）进位规则是"逢十六进一"。一般在数的后面加字母 H 表示这个数是十六进制数。

　　对于任意的 4 位十六进制数，可以写成如下形式：

$$H_3 H_2 H_1 H_0 = H_3 \times 16^3 + H_2 \times 16^2 + H_1 \times 16^1 + H_0 \times 16^0$$

例如：$2ECH = 2 \times 16^2 + 14 \times 16^1 + 12 \times 16^0 = 748D$

表 1-6 为十进制、二进制和十六进制对照表。

表1-6 十、二、十六进制对照表

十进制数（D）	二进制数（B）	十六进制数（H）	十六进制 C 语言表示方法
0	0000	0	0x00
1	0001	1	0x01
2	0010	2	0x02
3	0011	3	0x03
4	0100	4	0x04
5	0101	5	0x05
6	0110	6	0x06
7	0111	7	0x07
8	1000	8	0x08
9	1001	9	0x09
10	1010	A	0x0a
11	1011	B	0x0b
12	1100	C	0x0c
13	1101	D	0x0d
14	1110	E	0x0e
15	1111	F	0x0f

2. 数制间的转换

将一个数由一种数制转换成另一种数制的过程称为数制的转换。

1）二进制数转换成十进制数：将二进制数中各位数（0 或 1）与相应各位的权（2^i）相乘，然后再求和。

例如：$1011B = 1 \times 2^3 + 0 \times 2^2 + 1 \times 2^1 + 1 \times 2^0 = 11D$

2）十进制数转换成二进制数：十进制转二进制采用"除 2 取余法"，即将十进制数依次除 2，并记下余数，一直除到商为 0，最后将全部余数按相反次序排列，就能得到相应二进制数。

例如：43D = 101011B（见图 1-31）

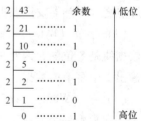

图 1-31 除 2 取余法

3）十六进制数转换成二进制数。十六进制数转换成二进制数的方法是从左至右将待转换的十六进制数的每个数码依次用 4 位二进制数表示。

例如：将十六进制数 2FCH 转换为二进制数

```
 2    F    C
0010 1111 1100
```

所以，2FCH = 0010 1111 1100B

　　4）二进制数转换成十六进制数。二进制数转换成十六进制数的方法是：从右至左将每 4 位二进制数转换为 1 位十六进制数，不足部分补 0。

　　例如：将二进制数 1110111111B 转换为十六进制数。

0011　　1011　　1111

　3　　　B　　　F

　　所以，1110111111B = 3BFH

　　3. 二进制数的运算

　　（1）算术运算。

　　1）加法运算。运算规则为：0 + 0 = 0；1 + 0 = 0 + 1 = 1；1 + 1 = 10（向高位有进位）。

　　2）减法运算。运算规则为：0 – 0 = 0；1 – 0 = 1；1 – 1 = 0；0 – 1 = 1（向高位借 1，当做 2）。

　　3）乘法运算。运算规则为：$0 \times 0 = 0$；$0 \times 1 = 1 \times 0 = 0$；$1 \times 1 = 1$。

　　4）除法运算。除法运算是乘法运算的逆运算。与十进制数类似，从被除数最高位开始取出与除数相同的位数，减去除数。

　　（2）逻辑运算。

　　1）与运算。与运算常用符号"∧"表示，运算规则为：$0 \wedge 0 = 0$；$1 \wedge 0 = 0$；$0 \wedge 1 = 0$；$1 \wedge 1 = 1$。两个位数相同的二进制数进行逻辑与时，只是对应位进行与运算。

　　2）或运算。或又称为逻辑加，常用符号"∨"表示，其运算规则为：$0 \vee 0 = 0$；$1 \vee 0 = 1$；$0 \vee 1 = 1$；$1 \vee 1 = 1$。

　　3）非运算。非运算又称逻辑取反，常用运算符号"－"表示，运算规则为：$\overline{0} = 1$；$\overline{1} = 0$。

　　4）异或运算。异或又称半加，即不考虑进位的加法，常用运算符号⊕表示，运算规则为：$0 \oplus 0 = 0$；$1 \oplus 0 = 1$；$0 \oplus 1 = 1$；$1 \oplus 1 = 0$。

　　4. 单片机中数的表示

　　（1）位（bit）。位是单片机中表示数的最小数据单位，单片机中位操作非常频繁，使用位操作命令可以使单片机某一端口输出高、低电平，控制输出设备完成不同的动作（如指示灯点亮、蜂鸣器发声及电动机转动等）。

　　（2）字节（Byte）。每 8 位二进制数组成 1 个字节，通常用 B 表示。由于 51 系列单片机的数据线是 8 位的，因此单片机中字节操作非常频繁，单片机 P0 ~ P3 是 8 位端口，可以直接输出 1 个字节的数据。

　　（3）字（Word）。计算机进行数据处理时，一次存取、加工和传送的数据长度称为字。一个字通常由一个或多个字节构成。每个字包含的位数称为字长，不同类型的单片机具有不同的字长，51 系列单片机的字长是 1 个字节（8 位）。

【任务拓展】

　　用单片机控制点亮 4 个 LED 彩灯（用 P1 口）。绘制电路原理图和程序流程图，编写并调试程序。

【评价分析】

　　完成项目评价反馈表，见表 1-7。

表 1-7 项目评价反馈表

评价内容	分值	自我评价	小组评价	教师评价	综合	备注
最小系统电路	50					
彩灯控制器	50					
合计	100					
取得成功之处						
有待改进之处						
经验教训						

项目二 彩灯闪烁

在商业店铺和道路两侧经常会看到一些闪烁的彩灯，本项目要求用单片机控制 8 个彩灯按照一定规律闪烁。通过本项目的学习，学生应掌握仿真软件 Proteus 的使用方法，进一步熟悉 Keil 软件的使用方法，初步掌握 C51 编程的基本方法。

任务一 单彩灯闪烁

【任务描述】

用单片机控制一个彩灯（用 LED 模拟）闪烁，要求亮 1s、灭 1s。

【学习目标】

1. 知识目标

了解 51 单片机并行 I/O 端口的结构。

2. 技能目标

（1）能熟练完成单片机 I/O 端口的读写操作。

（2）会用 Keil C51 编写 C51 源程序。

（3）能使用 Proteus 完成单片机应用系统的仿真调试。

【任务分析】

在 4 个学时内完成如下工作任务：

（1）识读电路原理图，搞清楚每一个元器件的作用。

（2）绘制仿真电路图，在仿真电路图中按需要标注工位号。

（3）编写程序，程序的书写要规范，带有必要的注释，仿真并调试程序。

（4）按照工艺要求完成电路焊接和装配。

（5）下载程序，进行功能测试。

制订工作任务流程，如图 2-1 所示。

图 2-1 工作任务流程图

【设备、仪器仪表及材料准备】

30W 电烙铁 1 把，数字（或指针）式万用表 1 块，尖嘴钳、斜口钳、裁纸刀各 1 把，细导线、焊锡和松香若干。

【任务实施】

活动一：识读电路图

单彩灯闪烁电路是基于单片机最小系统电路，在 P1 口增加了一个发光二极管（LED）和限流电阻（R1）。P1.0 输出高电平时，LED 不发光；输出低电平时，LED 被点亮。其电路原理图如图 2-2 所示。

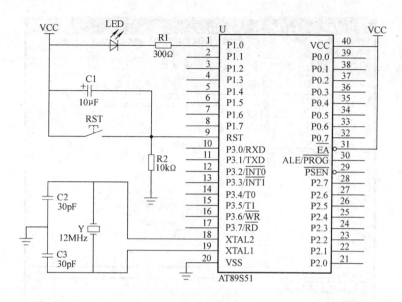

图 2-2　单彩灯闪烁电路原理图

活动二：绘制仿真电路图

图 2-3 为单彩灯闪烁 Proteus 仿真电路，仿真电路中省略了单片机最小系统中的复位、时钟和电源电路。

注意：软件仿真时最小系统电路可以省略，不影响电路正常工作，实际电路中是不可以省略的。

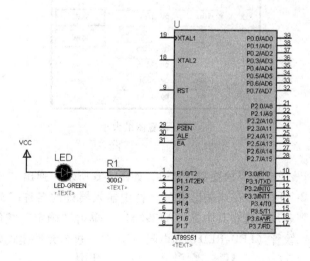

图 2-3　单彩灯闪烁仿真电路图

绘制仿真电路的具体操作步骤如下：

1. 启动 Proteus 仿真软件

单击"开始"菜单，在"程序"项中选中"Proteus 7 Professional"，然后在子菜单中单击"ISIS 7 Professional"，启动 Proteus 仿真软件，图 2-4 为其仿真软件界面。

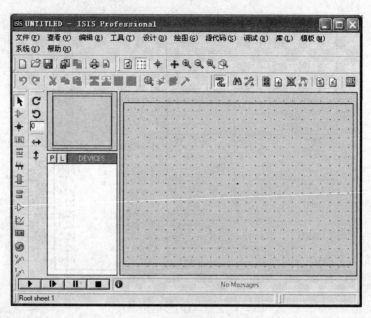

图 2-4　Proteus 仿真软件界面

2. 设置图纸大小

单击"系统"菜单中的"设置图纸大小"命令，打开"设置图纸大小"对话框，就可以设置图纸大小了，其默认图纸大小为"A4"，如图 2-5 所示。

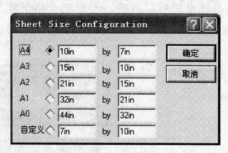

图 2-5　设置图纸大小

3. 搜索元器件

单击命令按钮"P"（或按下快捷键"P"），如图 2-6 所示，弹出"元器件库"搜索窗口（Pick Device），如图 2-7 所示。在"关键字"一栏中输入器件的名称"89C51"，这时在结果栏中会出现 89C51 系列芯片，选中其中的"AT89C51"，单击"确定"按钮。然后按照上述步骤依次搜索红色发光二级管（LED-RED）和电阻（RES），进入元件模式如图 2-8 所示。

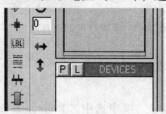

图 2-6　元器件搜索

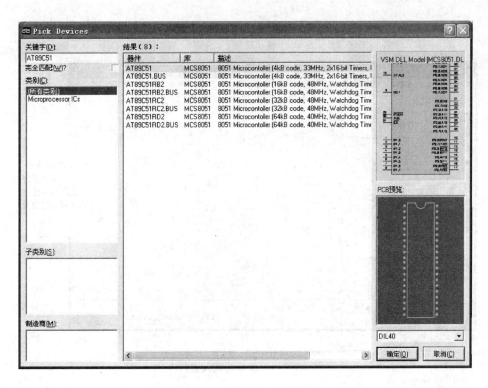

图2-7 "元器件库"搜索窗口

4. 放置仿真元器件

按照图2-9所示步骤，在Proteus工作窗口依次放置单片机（AT89C51）、发光二级管（LED-RED）和电阻（RES）。放置好的元器件如图2-10所示。

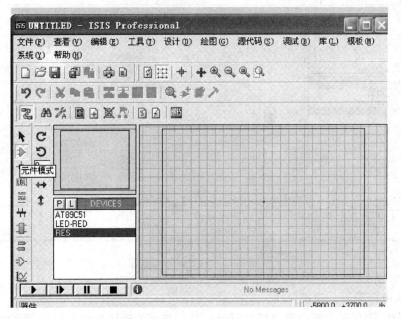

图2-8 元件模式

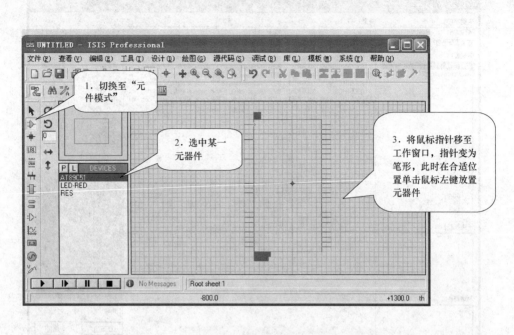

图 2-9　放置仿真元器件

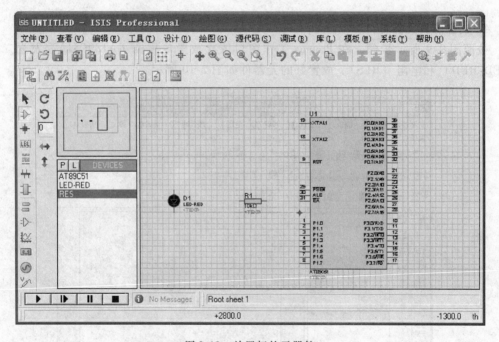

图 2-10　放置好的元器件

5. 放置电源符号，连接导线

按照图 2-11 所示步骤设置电源端符号，然后根据原理图拖动鼠标连接导线。

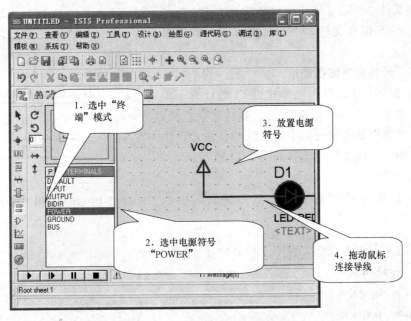

图 2-11 放置电源端，连接导线

6. 修改元器件参数和网络标号

双击要修改参数的元器件，在"编辑元件"对话框中完成元器件参数的修改，如图 2-12 所示。

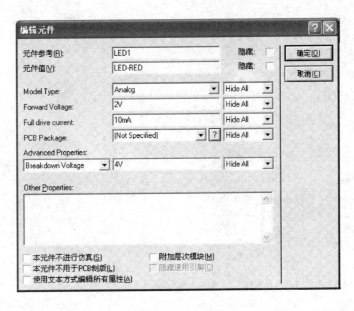

图 2-12 修改元器件参数

调试经验：Proteus 电路仿真时，复位和时钟电路可省略掉，单片机电源端与地端被隐藏，默认的网络标号分别为 VCC 和 GND。

7. 保存文件

按下 Ctrl + S 保存文件，Proteus 仿真文件扩展名为 . DSN。

活动三：绘制程序流程图

P1 共有 8 个 I/O 端口，当单片机 P1 的任意一个端口输出低电平时，LED 就会发光，彩灯就会点亮；输出高电平时彩灯就会熄灭，中间延时 1s，由此产生闪烁效果。单彩灯闪烁程序流程如图 2-13 所示。

活动四：编程

使用 Keil 软件编写源程序，然后编译，生成 HEX 文件。

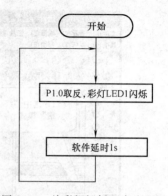

图 2-13　单彩灯闪烁程序流程图

```
//参考程序(可以参考表 2-2 程序注释部分)
#include < reg51. h >
#define uint unsigned int
#define uint unsigned char
sbit LED1 = P1^0;
void delay( uint ms) ;
/ * ------------------------------主函数----------------------- * /
void main( void)
{
    while(1)
    {
        LED = ~ LED;
        delay(1000) ;
    }
}
/ * ----------------------------延时函数---------------------------- * /
void delay( uint ms)
{   uchar i;
    uint j;
    for( j = 0;j < ms;j + + )
    {
        for( i = 0;i < 125;i + {KG - * 3 + )
        {;}
    }
}
```

活动五：软件仿真，调试程序

软件仿真和调试程序的具体步骤如下：

① 启动 Protues 仿真软件,打开"单彩灯闪烁"仿真电路图。

② 双击 AT89S51,弹出"编辑元件"对话框,如图 2-14 所示。

③ 单击 Program File 栏右侧的文件夹,找到要加载的 HEX 文件。

④ 设置晶体振荡器频率为 12MHz,单击"确定"按钮。

⑤ 单击"仿真"工具栏(见图 2-15)左下角的"开始"按钮,开始仿真操作,观察仿真结果,如图 2-16 所示。

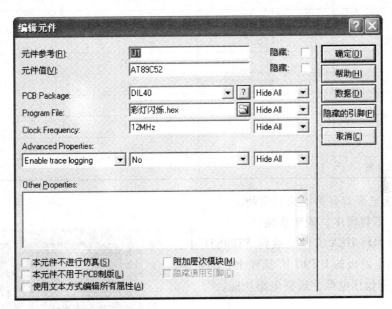

图 2-14　加载 HEX 文件

图 2-15　仿真工具栏

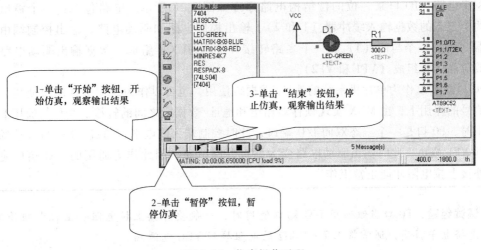

图 2-16　仿真操作过程

活动六：用万能实验板搭建硬件电路

单彩灯闪烁电路所需元器件见表 2-1。

表 2-1　单彩灯闪烁电路元器件列表

元器件名称	元器件标号	规格及标称值	数量
AT89S51	U		1 个
瓷片电容	C2、C3	30pF	2 个
电解电容	C1	10μF	1 个
发光二极管	LED		1 个
电阻	R1	300Ω	1 个
微动开关	RST		1 个
电阻	R2	10kΩ	1 个
晶体振荡器	Y	12MHz	1 个
IC 插座		DIP40	1 个
单孔万能实验板			1 块

图 2-17 为已经焊好的电路板实物。

活动七：下载程序，验证功能

使用编程器将 HEX 文件下载到 AT89S51 中，将单片机插到电路板的 DIP40 IC 插座上，在电源端加上 5V 直流稳压电源，观察电路功能。

【相关知识】

51 单片机 I/O 端口结构的介绍：

51 单片机共有 4 个双向的 8 位并行 I/O 端口，分别记为 P0 ~ P3，共有 32 根口线。

1. P0 口

P0 口的各位口线具有完全相同但又相互独

图 2-17　单彩灯闪烁电路板实物图

立的逻辑电路，P0 口某一位的位结构电路原理如图 2-18 所示。电路包括：一个输出锁存器、两个三态的数据输入缓冲器（1 和 2）、输出控制电路和驱动电路。输出控制端由一个反相器（3）、一个与门（4）和一个多路转接开关（MUX）组成，数据输出驱动电路由一对场效应晶体管组成（VF1 和 VF2）。

P0 口既可以作为单片机系统的地址/数据线使用，也可以作为通用 I/O 端口使用。即在控制信号的作用下，由 MUX 实现锁存器输出和地址/数据线之间的转接。当作为通用 I/O 端口使用时，P0 口是一个三态双向 I/O 端口，此时控制端为低电平，通过与门（4）使场效应晶体管 VF1 截止，此时输出驱动电路变为漏极开路电路，因此作为通用的 I/O 端口使用时必须外接上拉电阻才能正常工作。

调试经验：P0 口当做通用 I/O 端口使用时，一般要外接上拉电阻。上拉电阻简单来说就是将电平拉高，通常将 4.7 ~ 10kΩ 的电阻接到 VCC 电源端。

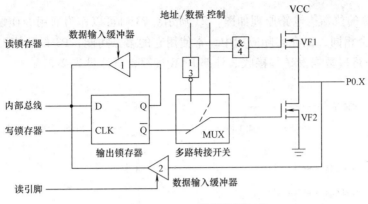

图 2-18　P0 口位结构图

2. P1 口

P1 口某一位的位结构的电路原理如图 2-19 所示。P1 口是一个准双向口，只能作为通用的 I/O 端口使用，在电路结构上与 P0 口有一些不同，P1 口没有多路转接开关，内部输出电路自带上拉电阻。所以，P1 口作输出口使用时不需外接上拉电阻；作输入口使用时，必须先向锁存器写入"1"，使场效应晶体管 VF 截止，才能正确读取数据。

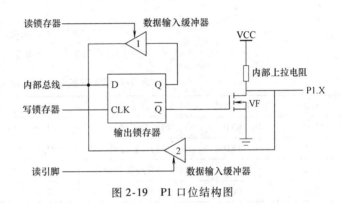

图 2-19　P1 口位结构图

3. P2 口

P2 口也是一个准双向口，P2 口某一位的位结构的电路原理如图 2-20 所示。它具有两个作用：第一个作用是当系统不扩展外部存储器时，P2 口可以作为普通的 I/O 端口使用，其功能和原理与 P1 口的功能相同；第二个作用是当系统外扩存储器时，P2 口可以作为系统扩展的高 8 位地址总线使用，与 P0 口低 8 位地址相配合，实现对 64KB 外部程序或数据存储器的访问。但它只能作地址线使用，并不能像 P0 口那样作为地址/数据复用线使用。

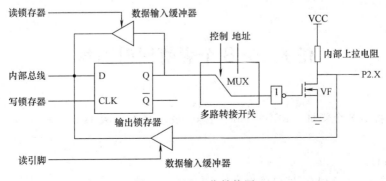

图 2-20　P2 口位结构图

4. P3 口

P3 口某一位的位结构电路原理如图 2-21 所示。P3 口可以作为通用 I/O 端口使用，此时功能与 P1 口完全相同，但在实际应用中，常使用它的第二功能，P3 口的第二功能包括外部中断、计数、串行口数据发送和接收、外部 PAM 读写，具体见表 2-2。

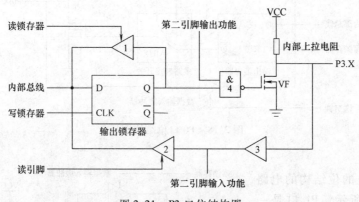

图 2-21　P3 口位结构图

表 2-2　P3 口各位的第二功能

P3 口	第二功能	功能描述	P3 口	第二功能	功能描述
P3.0	RXD	串行数据接收端口	P3.4	T0	计数器 0 计数输入
P3.1	TXD	串行数据发送端口	P3.5	T1	计数器 1 计数输入
P3.2	$\overline{INT0}$	外部中断 0 输入	P3.6	$\overline{WR}$	外部 RAM 写选通信号
P3.3	$\overline{INT1}$	外部中断 1 输入	P3.7	$\overline{RD}$	外部 RAM 读选通信号

【任务拓展】

1. 将某彩灯闪烁速度提高一倍

要求：绘制程序流程图，编写 C 语言源程序，使用仿填软件进行调试，验证其功能。

操作提示：修改延时时间。

2. 两个彩灯轮流闪烁

操作提示：修改电路，在 P1.1 口增加一个发光二极管和一个限流电阻，使 P1.0 和 P1.1 轮流输出高低电平。

要求：绘制电路原理图和程序流程图，编写 C 语言源程序，使用仿真软件进行调试，验证其功能。

任务二　8 个彩灯同时闪烁

【任务描述】

用单片机控制 8 个彩灯（LED）同时闪烁，要求亮 1s，灭 1s。

【学习目标】

1. 知识目标

了解 51 单片机并行 I/O 端口的结构。

2. 技能目标

（1）能熟练完成单片机 I/O 端口的读写操作。

（2）会使用 Keil 编写及修改简单的 C51 源程序。

（3）能使用 Proteus 完成单片机应用系统的仿真与调试。

【任务分析】

在 4 个学时内完成如下工作：

（1）识读电路图，绘制仿真电路图。

（2）绘制程序流程图，编写程序，仿真调试。

（3）焊接并装配电路，下载程序，验证功能。

制订工作任务流程，如图 2-22 所示。

【设备、仪器仪表及材料准备】

30W 电烙铁 1 把，数字（或指针）式万用表 1 块，尖嘴钳、斜口钳、裁纸刀各 1 把，细导线、焊锡和松香若干。

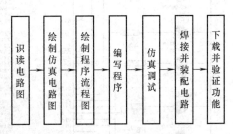

图 2-22 工作任务流程图

【任务实施】

活动一：识读电路图

8 个彩灯闪烁电路原理图如图 2-23 所示。在单片机最小系统基础上，P1 口外接 8 个发光二极管（LED1 ~ LED8）和 8 个 300Ω 的限流电阻（R1 ~ R8），当 P1 口输出低电平时，发光二极管（LED1 ~ LED8）就会被点亮。

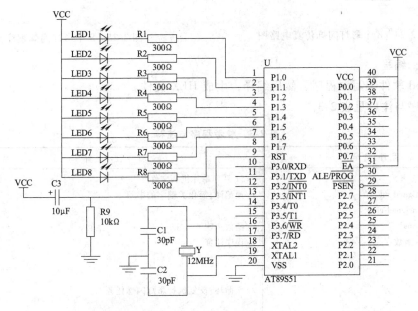

图 2-23 8 个彩灯闪烁电路原理图

活动二：绘制仿真电路图

图 2-24 为 8 个彩灯闪烁的 Proteus 仿真电路，仿真电路中省略了单片机最小系统中的复位、时钟和电源电路。

注意：软件仿真时，最小系统电路可以省略，不影响电路正常工作，实际电路中是不可以省略的。

活动三：绘制程序流程图

P1 共有 8 个 I/O 端口，当单片机 P1 口的任意一个端口输出低电平时，LED 就会发光，彩灯就会被点亮；输出高电平时彩灯就会熄灭，中间延时 1s，由此产生闪烁效果。8 个彩灯闪烁程序流程如图 2-25 所示。

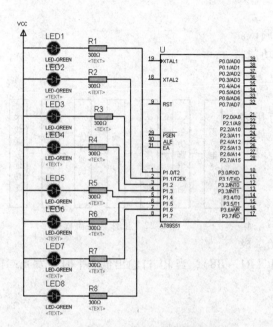

图 2-24　8 个彩灯闪烁仿真电路图　　　　图 2-25　8 个彩灯闪烁程序流程图

活动四：编程

使用 Keil 软件编写源程序，然后编译，生成 HEX 文件。

参考程序与注释见表 2-3。

表 2-3　参考程序与注释

程序代码	注　释
#include ＜reg51.h＞	//51 系列单片机头文件
#define uint unsigned int	//预编译,简化关键字的书写
#define uchar unsigned char	
void delay(uint ms);	//函数声明
/*---------主函数---------*/	//程序注释
void main(void)	
{	
while(1)	//死循环,反复执行彩灯闪烁任务
{	
P1 = ~P1;	//P1 取反,8 个彩灯闪烁
delay(1000);	//调用延时函数延时 1s
}	
}	

（续）

程序代码	注 释

``c
/* ------延时函数---------- */
void delay(uint ms)
{ uchar i;
   uint j;
   for(j = 0 ; j < ms ; j ++)
   {
     for(i = 0 ; i < 125 ; i ++)
     { ; }
   }
}
``
	//定义变量 i 为无符号的字符型变量,j 为无符号整型变量
	
	//利用 for 循环语句产生空操作,达到延时目的

活动五：软件仿真，调试程序

由学生自己动手进行软件仿真，调试程序。

活动六：焊接并装配电路

8 个彩灯闪烁电路所需元器件见表 2-4。

表 2-4 8 个彩灯闪烁电路元器件列表

元器件名称	元器件标号	规格及标称值	数量
AT89S51	U	DIP40	1 个
瓷片电容	C1、C2	30pF	2 个
电解电容	C3	10μF	1 个
发光二极管	LED1 ~ LED8		8 个
电阻	R1 ~ R8	300Ω	8 个
电阻	R9	10kΩ	1 个
晶体振荡器	Y	12MHz	1 个
IC 插座		DIP40	1 个
单孔万能实验板			1 块

图 2-26 为已经焊好的 8 个彩灯闪烁电路
实物。

活动七：下载程序，验证功能

使用编程器将 HEX文件下载到 AT89S51 中，
将单片机插到电路板的 DIP40 IC 插座上，在电
源端加上 5V 直流稳压电源，观察实际效果。

【相关知识】

一、C 语言的基本结构

1. C 语言的程序结构

下面我们来分析一下 C 语言源程序的基本
结构。

图 2-26 8 个彩灯闪烁电路板实物图

```
// 单彩灯闪烁程序
#include < reg51. h >                    //包含头文件 reg51. h
#define uint unsigned int                //预编译
#define uchar unsigned char
sbit LED1 = P1^0;                        //变量定义
void delay( uint ms);                    //函数声明
/ * --------- 主函数 --------- * /
void main( void)
{
    while(1)
    {
        LED1 = ~ LED1;                   //将 P1 口第 0 位输出数据取反,彩灯闪烁
        delay(5);                        //调用延时 5ms 函数
    }
}
/ * --------- 延时函数 --------- * /
void delay( uint ms)
{   uint j;
    uchar i;
    for( j = 0;j < ms;j ++ )
    {
        for( i = 0;i < 125;i ++ )
        {;}
    }
}
```

　　第 1 行：头文件。C 语言中"头文件"的作用是将另外一个文件中的内容包含到当前文件中，头文件通常会将一些常用函数的库文件、用户自定义的函数或者变量包含进来。头文件"reg51. h"的作用是将单片机一些特殊功能寄存器包含进来，便于用户使用。

　　例如，在主函数中使用的"P1"就是在"reg51. h"中定义的一个特殊功能寄存器的名称，在"C:\ Keil\ C51\ INC"文件夹中，打开"reg51. h"文件，可以看到以下定义：

```
/ * -------------------------------------------------------------------
REG51. H
Header file for generic 80C51 and 80C31 microcontroller.
Copyright ( c) 1988-2001 Keil Elektronik GmbH and Keil Software, Inc.
All rights reserved.
```

```
----------------------------------------------------------------------- */
/*    BYTE Register    */
sfr P0 = 0x80;
sfr P1 = 0x90;
sfr P2 = 0xA0;
sfr P3 = 0xB0;
```

其中，P1 已经做了定义，因此就可以在程序中使用这个特殊功能寄存器。

第 2～3 行：预编译。为了书写方便，C51 通常将一些数据类型的关键字进行更名操作。

第 4 行：变量定义。这里定义了一个位变量"LED1"，表示特殊功能寄存器 P1 口的第 0 位。

第 5 行：函数声明。在 C 语言中，函数要遵循先声明、后调用的原则。

第 6～14 行：main( ) 函数。C 语言程序执行时，先执行 main( ) 函数，在 main( ) 函数中继续调用其他函数。

第 15～24 行：延时函数 delay( )。该函数的功能为延时 5ms，用于控制彩灯的闪烁速度。

通过逐行分析，可以看出 C 语言采用的是一种结构化的程序设计思想，它以函数形式来组织程序的基本结构。一个 C 语言程序由一个或若干个函数组成，每一个函数完成相对独立的功能。main( ) 函数称为主函数，程序的执行总是从主函数开始，每个 C 语言程序有且只有一个主函数，函数后面一定要有一对大括号 { }，程序就写在大括号中。函数名称前面的 void 为函数类型，void 表示空类型，无返回值。

一个函数由两部分构成：函数定义和函数体。例如：

void delay （uint ms）

//函数定义（void-函数类型 delay-函数名称 uint-形参类型 ms-形参名称）

以 delay( ) 函数为例，第 16 行为函数定义，第 17～24 行为函数体。

2. 语句结束标志

C 语言语句必须以";"作为结束符，一条语句可以多行书写，也可以一行书写多条语句。

3. 程序注释

为提高程序的可读性，便于理解程序代码的含义，按照程序书写的规范要求在代码后面要添加一些注释。注释的方式两种：一种是采用"/*………*/"的格式，另外一种是采用"//"格式。前者可以注释多行，后者只能注释一行。

二、电路仿真软件 Proteus 简介

Proteus 是英国 Labcenter 公司开发的一款电路分析与仿真以及印制电路板的设计软件，主要由 ISIS 和 ARES 两部分组成，ISIS 的主要功能是原理图设计及与电路原理图的交互仿真，ARES 主要用于印制电路板的设计。本书主要使用 ISIS，该软件的主要特点如下：

（1）具有模拟电路仿真、数字电路仿真、单片机系统仿真、RS-232 动态仿真、C 语言调试器、SPI 调试器、键盘和 LCD 系统仿真功能；具有各种虚拟仪器，如示波器、逻辑分析仪和信号发生器等。

（2）支持多种类型的单片机：68000 系列、8051 系列、AVR 系列、PIC12 系列、PIC16 系列、PIC18 系列、Z80 系列、HC11 系列以及各种外围芯片。

（3）支持各种存储器。

图 2-27 为 Proteus7.8 的仿真软件界面。

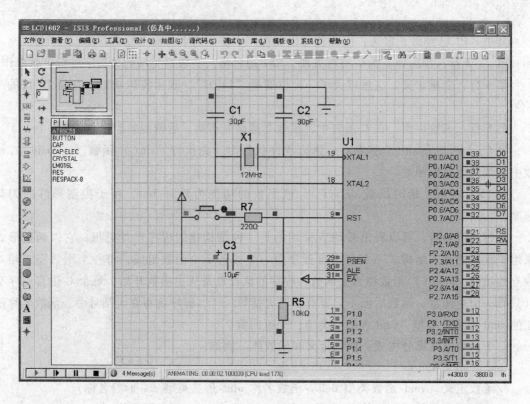

图 2-27　Proteus7.8 仿真软件界面

【任务拓展】

1. 将彩灯闪烁速度提高一倍

要求：绘制程序流程图，编写 C 语言源程序，使用仿真软件进行调试，并验证其功能。

操作提示：修改延时时间。

2. 间隔闪烁

操作提示：

先 1、3、5、7 灯闪烁，再 2、4、6、8 灯闪烁。

要求：绘制电路原理图和程序流程图，编写 C 语言源程序，使用仿真软件进行调试，验证其功能。

【评价分析】

完成项目评价反馈表，见表 2-5。

表 2-5 项目评价反馈表

评价内容	分值	自我评价	小组评价	教师评价	综合	备注
单彩灯闪烁	50					
8 个彩灯闪烁	50					
合计	100					
取得成功之处						
有待改进之处						
经验教训						

项目三　流水彩灯

本项目要制作一个按照指定要求能够完成流水任务的彩灯控制器。首先，制作一个单向的流水彩灯，然后在此基础上制作一个双向可控流水彩灯，最后制作个性化的流水彩灯。通过本项目的学习，可以初步掌握用 C51 语言编程的基本方法。

任务一　单向流水彩灯

【任务描述】

要求 8 个彩灯依次循环点亮，使用单片机控制流水的方向与速度，完成单向流水任务。

【学习目标】

1. 知识目标

（1）了解 C51 语言的常用关键字、基本数据类型和运算符。

（2）掌握 C51 语言的基本程序结构（顺序、选择和循环结构）。

2. 技能目标

（1）会编写及修改简单的 C51 语言程序。

（2）能够熟练使用 Keil C51 编程。

（3）能够熟练掌握 Proteus 仿真方法。

【任务分析】

完成本工作任务需 4 个学时。本任务的硬件电路与项目二相同，不同点是软件功能发生了变化，单片机最大的特点是可以"以软代硬"，用千变万化的程序代替传统而复杂的硬件电路，完成各种复杂的功能。

制订工作任务流程，如图 3-1 所示。

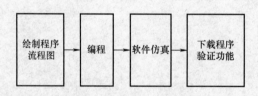

图 3-1　工作任务流程图

【设备、仪器仪表及材料准备】

30W 电烙铁 1 把，数字（或指针）式万用表 1 块，尖嘴钳、斜口钳和裁纸刀各 1 把，细导线、焊锡和松香若干。

【任务实施】

可以采用多种方法实现该项目的功能，为了开拓编程思路，这里采用以下四种编程方法：直接赋值、位操作运算和选择程序结构、使用循环移位函数、采用位操作和循环程序结构。

方法一：用顺序程序实现

活动一：分组讨论编程思路

本任务的硬件电路与项目二中的八彩灯闪烁电路原理图（图2-23）相同，分析图2-23可以看出当P1口的某一端口输出为低电平时，对应的发光二极管将被点亮。因此最简单的一种流水效果的实现方法如图3-2所示，即从P1口依次输出一个8位二进制数，该数中只有一位为低电平，其余各位均为高电平。每输出一个8位二进制数，延时一段时间，控制流水显示的速度，然后继续输出下一个数，循环往复，就可以出现流水显示的效果。

图3-2 流水彩灯显示示意图

活动二：绘制程序流程图

图3-3为顺序程序实现单向流水彩灯控制流程图，请思考一下这种方法有什么缺点？

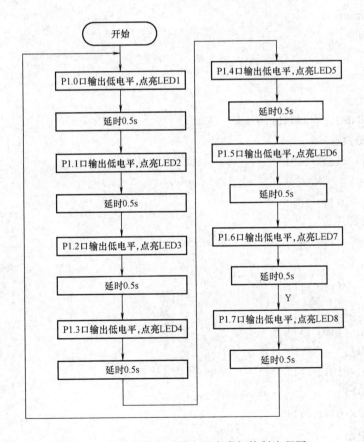

图3-3 顺序程序实现单向流水彩灯控制流程图

注意：

常用程序流程图符号（见图3-4）。

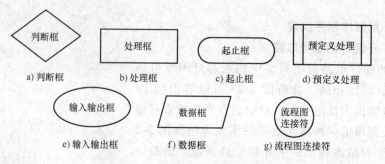

a) 判断框   b) 处理框   c) 起止框   d) 预定义处理

e) 输入输出框   f) 数据框   g) 流程图连接符

图 3-4   常用程序流程图符号

活动三：编程

```
//参考源程序：采用顺序程序结构实现从上向下流水的效果
#include  < reg51. h >
#define uchar unsigned char
#define uint unsigned int
void delay（uint ms）;
void main（void）
{
  while（1）
    {
        P1 = 0xfe；//1111 1110
      delay（500）;
      P1 = 0xfd；//1111 1101
      delay（500）;
      P1 = 0xfb；//1111 1011
      delay（500）;
      P1 = 0xf7；//1111 0111
      delay（500）;
      P1 = 0xef；//1110 1111
      delay（500）;
      P1 = 0xdf；//1101 1111
      delay（500）;
      P1 = 0xbf；//1011 1111
      delay（500）;
      P1 = 0x7f；//0111 1111
      delay（500）;
    }
}
void delay（uint ms）    //延时函数
```

```
{
  uchar i;
  uint   j;
  for（j = 0；j < ms；j++）
    for（i = 0；i < 125；i++）
      {；}
}
```

活动四：使用 Proteus 软件仿真，调试程序

由学生自己动手进行软件仿真，调试程序。

活动五：将程序下载到单片机中，验证其实际功能

由学生自己动手将程序下载到单片机中并且验证其实际功能。

方法二：用位操作和选择程序结构实现

活动一：分组讨论编程思路

具体操作流程如下：

（1）P1 口输出一个 8 位二进制数"1111 1110"，将 LED1 点亮。

P1<<1	1111	1110	左移前
	1111	1100	左移后

图 3-5 位操作"左移"示意图

（2）延时一段时间，使用位操作中的左移命令左移一位（高位溢出，低位补 0），如图 3-5 所示。

（3）使用"或"运算将最低位置"1"，然后继续进行延时和位运算操作，如图 3-6 所示。

（4）延时结束后，使用 if 语句判断 P1 口数据是否为"0111 1111"，即最高位是否为低电平。如果为"0111 1111"，则说明已经完成了 7 次移位操作，此时将 P1 口数据重置为"1111 1110"（最低位为低电平）。

P1	1111	1100
∣ 0x01	0000	0001
	1111	1101

图 3-6 位操作"或"示意图

（5）循环执行上述操作。

活动二：绘制程序流程图（见图 3-7）

用位操作和选择程序结构实现单向流水彩灯程序流程图如图 3-7 所示。

活动三：编程

```
//参考源程序二：使用位操作运算和选择程序结构实现流水效果（延时函数同上，省略）
#include  < reg51. h >
#define uchar unsigned char
#define uint unsigned int
void delay（uint ms）；
void main（void）
{
  P1 = 0xfe；            //1111 1110
  while（1）
    {
```

```
    delay(500);
    if(P1 == 0x7f)   //0111 1111
    {
       P1 = 0xfe;   //1111 1110
          delay(500);
       }
        P1 = (P1 < <1)|0×01;
       }
    }
```

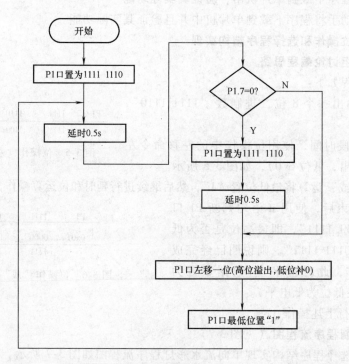

图 3-7　用位操作和选择程序结构实现单向流水彩灯程序流程图

活动四：使用 Proteus 软件仿真，调试程序

由学生自己动手进行软件仿真，调试程序。

活动五：将程序下载到单片机中，验证其实际功能

由学生自己动手将程序下载到单片机中并验证其
实际功能。

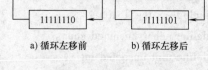

图 3-8　循环移位示意图

方法三：用循环移位函数实现

活动一：讨论编程思路

利用 C51 语言内部的库函数 crol( ) 可以直接完成
循环左移操作（向左移动一位，最高位数据移至最低位处），如图 3-8 所示。使用循环移位可
以更简洁地完成流水显示操作。

活动二:绘制程序流程图

用循环移位函数实现单向流水彩灯程序流程图如图 3-9 所示。

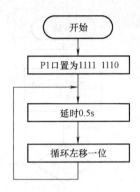

图 3-9 用循环移位函数实现单向流水彩灯程序流程图

活动三:编程

根据图 3-9 将下列程序代码补充完整。

```
//参考源程序三:使用循环移位函数_crol( )_实现从上向下流水效果(延时函数同上,省略)
#include  < reg51. h >
#include  < INTRINS. H >        //C51 内置库函数,内有多个用于移位的函数
#define uchar unsigned char
#define uint unsigned int
void delay( uint ms) ;
void main( void )
{
  P1 = 0xfe;
  while( 1 )
  {
      delay( 500 );
      _____;        //循环左移一位
  }
}
```

活动四:使用 Proteus 软件仿真,并调试程序

由学生自己动手进行软件仿真,并调试程序。

活动五:将程序下载到单片机中,验证其实际功能

由学生自己动手将程序下载到单片机中并验证其实际功能。

方法四:用位操作和循环程序结构实现

活动一:分组讨论编程思路

用 for 语句控制移位的次数,移完 8 次后重新赋值。

活动二:绘制程序流程图

用位操作和循环程序结构实现单向流水彩灯程序流程图如图 3-10 所示。

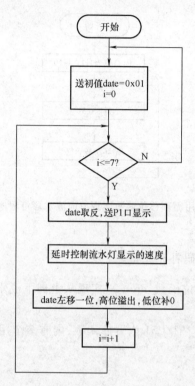

图 3-10　用位操作和循环程序结构实现单向流水彩灯程序流程图

活动三:编程

```
//参考源程序四:采用位操作和循环程序结构实现流水效果(延时函数同上,省略)
#include <reg51.h>
#define uchar unsigned char
#define uint unsigned int
void delay(uint ms);
void main(void)
{
    uchar i,date;
    while(1)
    {
        date=0x01;        //送移位初值(移完8位后,重新赋值)
        for(i=0;i<=7;i++)
        {
            P1=~date;      //按位取反,送 P1 口显示
            delay(500);    //延时控制流水显示的速度
```

```
        date = date < <1；  //左移一位,高位丢弃,低位补0
    }
  }
}
```

活动四:软件仿真,调试程序

由学生自己动手进行软件仿真,并调试程序。

活动五:将程序下载到单片机中,验证其实际功能

由学生自己动手将程序下载到单片机中并验证其实际功能。

【相关知识】

一、C51 语言的关键字

用 C51 语言编程时,有一组特殊意义的字符串,即"关键字"。这些关键字已经被软件本身使用,不能再作为常量、变量和函数的名称使用。C51 语言的关键字分为以下两大类。

1. 由 ANSI 标准定义的关键字

(1)数据类型关键字:用来定义变量、函数或其他数据结构的类型,如 int、unsigned char 等。

(2)控制语句关键字:程序中起控制作用的语句,如 while、if、case 等。

(3)预处理关键字:表示预处理命令的关键字,如 include、define 等。

(4)存储类型关键字:表示存储类型的关键字,如 auto、extern、static 等。

(5)其他关键字:如 sizeof、const 等。

由 ANSI 标准定义的关键字共有 32 个:char、double、enum、float、int、long、short、signed、struct、union、unsigned、void、break、case、continue、default、do、else、for、goto、if、return、switch、while、auto、extern、register、static、const、sizeof、typedef、volatile。

2. Keil C51 编译器扩充关键字

(1)访问 51 单片机内部寄存器关键字。Keil C51 编译器扩充了关键字 sfr 和 sbit,用于定义单片机的特殊功能寄存器和其中的某一位。

1)定义特殊功能寄存器:例如"sfr P1 = 0x90";即定义地址为"0x90"的特殊功能寄存器的名称为 P1。

2)定义特殊功能寄存器中的某一位:例如"sbit LED2 = P1^2";即位定义 LED2 为 P1.2(特殊功能寄存器 P1 的第 2 位)。

(2)51 系列单片机存储类型关键字。Keil C51 编译器扩充了表 3-1 所示的 6 个关键字,用于定义 51 单片机变量的存储类型。

表 3-1 51 系列单片机存储类型关键字

存储类型	与 51 单片机存储空间的对应关系
data	默认存储类型,可直接寻址片内 RAM,访问速度最快(128B)
bdata	可位寻址片内 RAM,允许位与字节混合访问(16B)
idata	间接寻址片内 RAM,可访问片内全部 RAM 空间(256B)
pdata	分页寻址片外 RAM

（续）

存储类型	与 51 单片机存储空间的对应关系
xdata	可访问片外 RAM（64KB）
code	可访问 ROM 存储区，常用于存储程序和数据表，只能读取数据

实际使用这些数据类型时，应尽量避免使用有符号的数据类型，因为单片机处理无符号数更容易一些，生成的指令代码更简洁。另外，还要尽量避免使用浮点数据类型，因为使用浮点数时，C 语言编译器需要调用库函数，程序会变得庞杂，运算速度会变慢。常用的数据类型有"bit"和"unsigned char"，这两种数据类型可以直接支持机器指令，运算速度很快。

注意：在编程时，为了书写方便，经常使用简化的缩写形式来定义变量的数据类型。其方法是在源程序开头使用宏定义语句"#define"。例如：

#define uchar unsigned char

#define uint unsigned int

uchar x，y；

uint a；

二、C51 语言的常量与变量

1. 常量

在程序运行中，其值不能改变的量称为常量。

（1）整型常量。

1）十进制数：直接书写，如 12、-12。

2）八进制数：在数值前面加"0"表示八进制数，如 012 表示十进制数"10"。

3）十六进制数：在数值前面加"0x"表示十六进制数，如 0x0e 表示十进制数"14"。

（2）实型常量：如 23.14。

（3）字符型常量：数据两边加单引号，如'abc'。

（4）浮点型常量：采用科学计数法，如 2.3E5 表示 2.3×10^5。

注意：在程序开头可以将一些常用的数据定义为符号常量，以便在后续程序中调用，在程序中其值不能随意更改。格式如下：

const PI = 3.1415926；

2. 变量

在程序运行中，其值可以改变的量称为变量。每个变量都有一个变量名，在内存中占据一定的存储空间，并在该内存单元中存放该变量的值。

（1）位变量（bit）：变量的类型是位，位变量的值为 0 或 1。

（2）字符型变量（char）：字符型变量的长度为 1 个字节（1B），即 8 位。它是最适合51 单片机的变量，因为 51 单片机每次可以处理 8 位数据。无符号变量的数值范围为 0 ~ 255，有符号变量的数值范围为 -127 ~ +128。

（3）整型变量：整型变量分为短整型（int 或 short）和长整型（long）两种。其中短整型变量的长度为 2B（16 位），长整型的长度为 4B（32 位）。

（4）浮点型变量：浮点型变量分为单精度（float）和双精度（double）两种。其中单精度变量长度为4B（32位），双精度变量长度为8B（64位），在51单片机中应该尽量避免使用浮点型变量。

三、C51语言运算符

1. 算术运算符

算术运算符的含义见表3-2。

表3-2　C51语言算术运算符

算术运算符	含　义	算术运算符	含　　义
+	加法或单目取正值	/	除法
-	减法或单目取负值	%	求余运算
*	乘法	^	乘幂
--	减1	++	加1

表3-3为加1减1运算符的含义。

表3-3　加1减1运算符的含义

运算符	含　　义
y = x++	先 y = x，然后 x = x + 1
y = x--	先 y = x，然后 x = x - 1
y = ++x	先 x = x + 1，然后 y = x
y = --x	先 x = x - 1，然后 y = x

在C51语言中有两个很有用的运算符，这两个运算符就是加1和减1运算符，运算符"++"是操作数加1，而"--"则是操作数减1。例如：

$$x = x + 1 \qquad 可写成 x++，或++x$$
$$x = x - 1 \qquad 可写成 x--，或--x$$

x++（x--）与++x（--x）在上例中没有什么区别，但 y = x++ 和 y = ++x 却有很大差别。

$$y = x++ \qquad 表示将 x 的值赋给 y 后，x 加1。$$
$$y = ++x \qquad 表示 x 先加1后，再将新值赋给 y。$$

2. 关系运算符

关系运算符的含义见表3-4。

表3-4　C51语言关系运算符

关系运算符	含义	关系运算符	含义
<	小于	>=	大于等于
>	大于	==	等于
<=	小于等于	!=	不等于

3. 逻辑运算符

逻辑运算符的含义见表3-5。

表 3-5　C51 语言逻辑运算符

逻辑运算符	含义
&&	与
||	或
!	非

4. 位运算符

单片机通常通过 I/O 端口来控制外部设备完成相应的动作，如电动机转动、指示灯的亮灭、蜂鸣器的鸣响及继电器的通断等。因此，单片机中位操作运算符使用最为频繁，C51 语言完全支持各种位运算符，这与汇编语言的位操作非常相似，C51 语言位运算符见表 3-6。

表 3-6　C51 语言位运算符

位运算符	含义	位运算符	含义
&	与	^	异或
|	或	<<	左移
~	取反	>>	右移

（1）按位与运算符"&"。"&"的功能是对两个二进制数按位进行与运算。根据与运算规则"有 0 出 0，全 1 出 1"，可实现图 3-11 所示的运算。

（2）按位"或"运算符"｜"。"｜"的功能是对两个二进制数按位进行或运算。根据或运算规则"有 1 出 1，全 0 出 0"，可实现图 3-12 所示的运算。

```
      X     0001   1001                      X     0001   1001
  &   Y     0100   1101                  ｜  Y     0100   1101
            0000   1001                          0101   1101
```

图 3-11　按位与运算　　　　　　　　　　　　图 3-12　按位或运算

（3）按位"异或"运算符"^"。"^"的功能是对两个二进制数按位进行异或运算。根据异或运算规则"相同为 0，相异为 1"，可实现图 3-13 所示的运算。

（4）按位取反运算符"~"。"~"的功能是对二进制数按位进行取反运算。根据"取反"运算规则"有 0 出 1，有 1 出 0"，可实现图 3-14 所示的运算。

```
      X     0001   1001                      X     0100   1101
  ^   Y     0100   1101                  ~          
            0101   0100                          1011   0010
```

图 3-13　按位异或运算　　　　　　　　　　　图 3-14　按位取反运算

（5）左移运算符"<<"。"<<"运算符的功能是将一个二进制数的各位全部左移若干位，在移位过程中，高位丢弃，低位补 0，如图 3-15 所示。

（6）右移运算符">>"。">>"运算符的功能是将一个二进制数的各位全部右移若干位，在移位过程中，低位丢弃，高位补 0，如图 3-16 所示。

X<<1	1100	1101
	1001	1010

图 3-15 左移运算

X>>2	0100	1101
	0001	0011

图 3-16 右移运算

5. 复合赋值运算符

复合赋值运算符就是在赋值运算符"="的前面加上其他运算符。常用复合赋值运算符见表 3-7。

表 3-7 C51 语言复合赋值运算符

运算符	含义	运算符	含义
+ =	加法赋值	< <=	左移位赋值
− =	减法赋值	> >=	右移位赋值
* =	乘法赋值	& =	逻辑与赋值
/ =	除法赋值	|=	逻辑或赋值
% =	取模赋值	^ =	逻辑异或赋值

复合运算的一般形式为：

变量 复合赋值运算符 表达式

复合运算的含义就是变量与表达式先进行运算符所要求的运算，再把运算结果赋值给参与运算的变量。其实这是 C 语言中一种简化程序的方法，凡是二目运算（对两个运算数进行运算）都可以用复合赋值运算符去简化表达。例如：

$$a += 56 \text{ 等价于 } a = a + 56$$

四、C 语言的基本语句

一个完整的 C 语言程序是由若干条语句按一定的方式组合而成的。按 C 语言语句执行方式的不同可以分为顺序语句、选择语句和循环语句。

1）顺序语句：指程序从上向下逐条执行。

2）选择语句：指程序根据条件来选择相应的执行顺序。

3）循环语句：指程序根据某一条件的存在来重复执行同一个程序段，直到这个条件不满足为止。

1. 表达式语句

表达式语句由一个表达式和一个分号构成，如

$$s = y + z;$$

2. 函数调用语句

函数调用语句调用已经定义过的函数（或内置的库函数），如延时函数 delay（）。

3. 空语句

C 语言程序中只写一个";"表示什么也不做，常用于延时等待。

4. 复合语句

用"{}"将一组语句括起来就构成了复合语句，如

```
for （i = 0；i < = 7；i + + ）
{
P1 = ~ date；
delay （500）；
date = date < < 1；
}
```

五、循环语句

循环语句是用来实现需要反复执行多次的操作。如一个晶体振荡频率为 12MHz 的 51 单片机应用系统中要求实现 1ms 的延时，那么就要执行 1000 次空语句才可以达到延时的目的（当然可以使用定时器来实现，这里不再讨论），写 1000 条空语句是非常麻烦的事情，并且要占用很多存储空间。这 1000 条空语句无非就是一条空语句重复执行 1000 次，因此可以用循环语句去实现，这样不但使程序结构清晰明了，而且使其编译的效率大大提高。在 C 语言中构成循环控制的语句有 for 语句、while 语句、do-while 语句和 goto 语句。

1. for 语句

for 语句可以使程序按指定的次数重复执行一个语句组。其格式如下：

```
for （ 初始化表达式；条件表达式；增量表达式）
 {
     语句组；
 }
```

for 语句的执行过程如下：首先，在初始化表达式中设置循环变量的初始值，然后求解条件表达式的值，如果其值为"真"，则执行 for 语句后面的语句，在执行完指定的语句组之后，执行增量表达式；如果为"假"，那么跳过 for 循环语句。

例如：前面用到的 delay （） 函数就是采用 for 语句编写而成的。

```
void delay （uint ms）
{
  uint j；
  uchar i；
  for （j = 0；j < ms；j + + ）
      for （i = 0；i < 125；i + + ）
          {；}
}
```

delay()采用了两重循环：外层循环的循环变量 j 的初始值为 0，可以执行 ms 次（j = 0 ~ ms - 1）循环体中的语句；内层循环的循环变量 i 的初始值为 0，可以执行 125 次空操作（i = 0 ~ 124），执行 125 次空操作所消耗的时间大约为 1ms，所以该延时函数可以延时 ms 毫秒。

2. while 语句

while 语句的格式如下：

```
while （表达式）
  {
    语句组；
  }
```

while 语句首先判断表达式是否为"真"，若为"真"，则执行循环体中的语句组；否则，跳出循环体，执行后面的操作。

注意：如果表达式的值恒为"真"，将会不断执行循环体中的语句，造成死循环。在单片机应用程序的主函数中通常有一条语句 while（1），该语句是为了防止程序跑飞而有意设置的一个死循环。

上述延时函数可以用 while 语句改写成如下程序段。

```
void delay （uint ms)
{
    uchar i = 125；
    while （ms--)
      while （i--)
        {；}
}
```

3. do while 语句

do while 语句的格式如下：

```
do
  {
    语句组；
  }
whie （表达式）
```

首先执行循环体中的语句组，然后用 while 语句判断表达式是否为"真"，若为"真"，则继续执行循环体中的语句组，直到判断表达式为"假"后，跳出循环体，执行后面的操作。它与前面的 while 语句的区别是首先执行一遍循环体中的语句组，然后才判断表达式是否为真。

上述延时函数可用 do while 语句改写成如下程序段。

```
void delay （uint ms)
{
  uchar i = 125；
  do
    {
    while （i--)
```

```
    { ; }
    }
  while （ms--）
}
```

【任务拓展】

根据下列要求绘制程序流程图，用 Keil μVision2 编写 C 语言源程序，并用 Proteus 进行仿真调试。

（1）流水的方向变为从下向上。

（2）改变流水的速度，要求彩灯依次闪亮，每 100ms 变化一次。

（3）变速流水，一开始慢，然后逐渐加快。彩灯闪亮的时间间隔为 500ms、400ms、300ms、200ms、100ms。

（4）首先，每秒依次闪亮，然后再 1、3、5、7 闪亮，2、4、6、8 闪亮。重复上述过程。

任务二　双向可控流水彩灯

【任务描述】

用两个开关控制流水方向以及彩灯的亮灭。S1 闭合，8 个彩灯从上向下流水显示；S2 闭合，8 个彩灯从下向上流水显示；S1 与 S2 均闭合，LED1 亮，其余彩灯熄灭；S1 与 S2 均断开，LED8 亮，其余彩灯熄灭。

【学习目标】

1. 知识目标

掌握 C 语言分支语句的使用。

2. 技能目标

（1）能熟练使用 Proteus 软件进行仿真调试。

（2）能熟练使用 Keil μVision2 编写分支结构程序。

【任务分析】

完成本任务需 4 个工时。

制订工作任务流程，如图 3-17 所示。

【设备、仪器仪表及材料准备】

30W 电烙铁 1 把，数字（或指针）式万用表 1 块，尖嘴钳、斜口钳和裁纸刀各 1 把，细导线、焊锡和松香若干。

【任务实施】

活动一：识读电路图

在 8 个彩灯闪烁电路的基础上，将 P3.0（10 脚）和 P3.1（11 脚）加上两个开关（S1 和 S2）和两个 10kΩ 的上拉电阻（R10 和 R11），用这两个开关控制彩灯流水的方向和彩灯的亮灭，如图 3-18 所示。

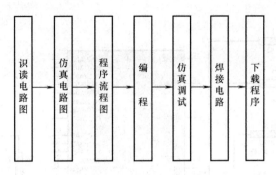

图 3-17 工作任务流程图

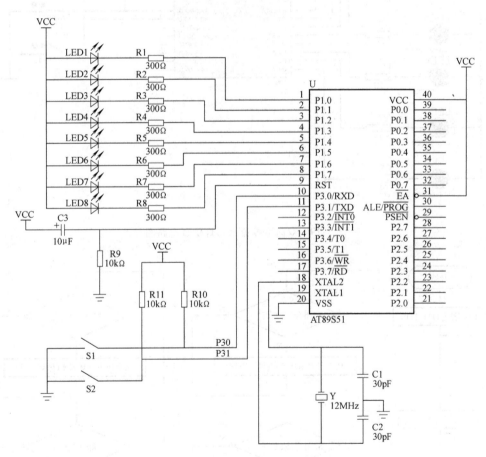

图 3-18 双向可控流水彩灯电路原理图

活动二：绘制仿真电路图

双向可控流水彩灯仿真电路如图 3-19 所示。

活动三：绘制程序流程图

程序流程图如图 3-20 所示。

活动四：编程

根据图 3-20 将下列程序代码补充完整。

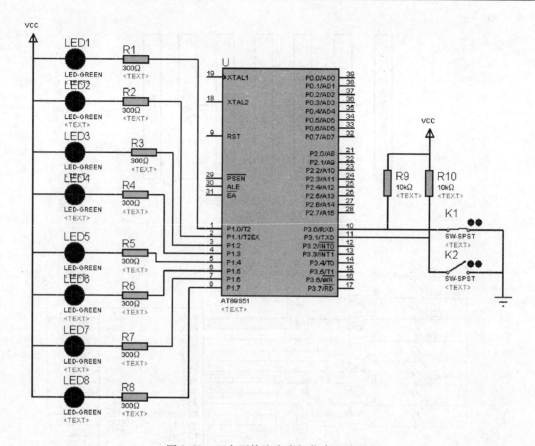

图 3-19 双向可控流水彩灯仿真电路图

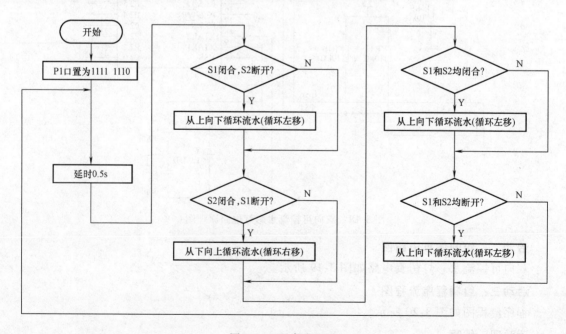

图 3-20 程序流程图

```
//参考程序一:(延时函数 delay 同项目二,此处省略)
    #include < reg51. h >
    #include < INTRINS. H >
    #define uchar unsigned char
    #define uint unsigned int
    sbit S1 = P3^0;
    sbit S2 = P3^1;
    void delay(uint ms);
    void main(void)
    {
      P1 = 0xfe;
      while(1)
      {
        delay(500);
        if (S1 ==0 &&S2 ==1)
        {
          P1 = _crol_(P1,1);          //从上向下循环流水(循环左移)
        }
        if(S1 ==1 &&S2 ==0)
        {
          _____;  //从下向上循环流水(循环右移)
        }
        if (S1 ==0 &&S2 ==0)
        {
          _____;              //LED1 亮,其余熄灭
        }
        if(S1 = =1 &&S2 = =1)
        {
          _____;              //LED8 亮,其余熄灭
        }
      }
    }
```

活动五:用 Proteus 进行软件仿真调试

由学生自己动手进行软件仿真,并调试程序。

活动六:焊接电路

本电路所需元器件见表3-8。

活动七:程序下载,验证功能

由学生自己动手将程序下载到单片机中并验证其实际功能。

表 3-8　双向可控流水彩灯电路元器件列表

元器件名称	元器件标号	规格及标称值	数量
AT89S51	U	DIP40	1 个
瓷片电容	C1、C2	30pF	2 个
电解电容	C3	10μF	1 个
发光二极管	LED1 ~ LED88	红、绿 2 种颜色	8 个
电阻	R1 ~ R8	300Ω	8 个
电阻	R9 ~ R11	10kΩ	3 个
晶体振荡器	Y	12MHz	1 个
开关	S1、S2		2 个
IC 插座		DIP40	1 个
单孔万能实验板			1 块

【相关知识】

一、控制语句

控制语句用于控制程序的流程，C 语言有 9 种控制语句：if… else …语句、for 语句、while 语句、do while 语句、continue 语句、break 语句、switch 语句、goto 语句、return 语句。

1. 选择语句

在项目三的源程序中有如下代码：

```
if (S1 = = 0 &&S2 = = 1)
{
    P1 = _ crol_ （P1，1）；      //从上向下循环流水
}
```

在该段语句中，先判断 S1 = 0 与 S2 = 1 这两个条件是否同时成立，如果同时成立，那么条件为真，则执行程序段 P1 = _ crol_ （P1，1），实现从上向下循环流水的功能。

> **调试经验**　表达式中的运算符" = ="为相等关系运算符，初学者容易错写为" ="，" ="为表达式赋值运算符。

（1）基本 if 语句格式。

```
If （表达式）
{
    语句组；
}
```

（2）if…else…语句格式 。

```
If( 表达式)
{
    语句组一；
}
else
{
```

```
    语句组二；
}
```

> **调试经验**　if 后面的表达式必须用（）括起来，语句组中如果只有一条语句，｛｝可以省略，若有多条语句，则必须用 ｛｝ 括起来，初学者容易忽略。

（3）if …else if…多条件分支语句。

```
If（表达式 1）
 {
  语句组一；
 }
else if（表达式 2）
 {
  语句组二；
 }
 ……
else if（表达式 n）
 {
  语句组 n；
 }
else                    //以上所有条件均不成立，则执行语句组 n + 1
 {
  语句组 n + 1；
 }
```

应用举例：

```c
//用 if… else if… 语句实现流水程序（延时函数省略）
#include < reg51. h >
#include < INTRINS. H >
#define uchar unsigned char
#define uint unsigned int
sbit S1 = P3^0;
sbit S2 = P3^1;
void delay（uint ms）;
void main（void）
{
  P1 = 0xfe;
  while（1）
   {
```

```
delay（500）;
if（S1 = =0 &&S2 = =1）
  {
    P1 = _crol_(P1，1）;
  }
else if（S1 = =1 &&S2 = =0）
  {
      P1 = _cror_(P1，1）;
  }
  else if（S1 = =0 &&S2 = =0）
    {
      P1 = 0xfe;
    }
    else
      {
      P1 = 0x7f;
      }
  }
}
```

（4）switch 语句。if 语句一般用于单条件判断或分支数目较少的场合，如果 if 语句嵌套层数过多，就会降低程序的可读性。C 语言提供了一种专门用来完成多分支选择的语句 switch，其格式如下：

switch（表达式）
　{
　case 常量表达式 1:语句组一;break;
　case 常量表达式 2:语句组二;break;
　……
　case 常量表达式 n:语句组 n;break;
　default:语句组 n + 1;
　}

该语句执行过程如下：首先计算表达式的值，并逐个与 case 语句后的常量表达式的值相比较，当表达式的值与某个常量表达式的值相等时，则执行对应该常量表达式后的语句组，再执行 break 语句，跳出 swtich 语句，继续执行后面的语句。如果表达式的值与所有 case 语句后的常量表达式的值均不相同，则执行 default 后面的语句组 n + 1。

应用举例：流水程序可以用 switch 语句改写成如下程序段：

```
//用 switch 语句实现流水程序（延时函数省略）
#include ＜reg51.h＞
```

```
#include  < INTRINS. H >
#define uchar unsigned char
#define uint unsigned int
sbit S1 = P3^0;
sbit S2 = P3^1;
void delay (uint ms);
void main (void)
{
  uchar select;
  P1 = 0xfe;
  while (1)
   {
   delay (500);
   select = P3;              //读 P3 口数据
   select = select&0x03;     //高 6 位清 0
   switch (select)
    {
    case 0x02: P1 = _crol_(P1, 1); break;
    case 0x01: P1 = _cror_(P1, 1); break;
    case 0x00: P1 = 0xfe; break;
    default: P1 = 0x7f;
    }
   }
}
```

调试经验　case 语句后面必须是一个常量表达式，注意不能将 break 语句省略，否则程序将会继续顺序往下执行，出现程序的逻辑错误；swtich 语句后面的括号不能省略。

二、C 语言函数

一个 C 语言程序可以由一个主函数 main( ) 和若干个其他函数构成。主函数可以调用其他函数，其他函数也可以相互调用，其他函数可以调用它本身，称为"递归调用"，但是其他函数不能调用主函数。其结构如图 3-21 所示。

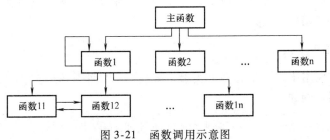

图 3-21　函数调用示意图

1. 函数的定义

从函数的形式来看，函数可以分为无参数函数和有参数函数。前者在被调用时没有参数传递，后者在被调用时有参数传递。

1）无参数函数定义格式如下：

```
类型说明 符函数名（void）// "void" 声明该函数无参数传递
  {
    …
  }
```

类型说明符定义了函数返回值的类型。如果函数没有返回值，需要用 "void" 作为类型说明符。如果没有类型说明符出现，函数返回值默认为整型值。

例 3-1：返回值类型为无符号整型，无参数传递。

```
unsigned int adj （void）
{
    …
}
```

例 3-2：无返回值，无参数传递。

```
void delay （void）
{
    unsigned char n
    for （n = 0；n < 125；n + +）
      ;
}
```

2）有参数传递函数定义格式如下：

```
类型说明 符函数名（形式参数列表）//形式参数超过一个时，用 "," 隔开
  {
    …
    return （i）
  }
```

2. 函数调用

函数调用就是在一个函数体中使用另外一个已经定义的函数，前者为主调用函数，后者为被调用函数。函数调用的格式如下：

```
函数名（实参表）；
```

有实参的函数调用中，如果有多个实参，要用 "," 间隔开。实参与形参顺序对应，个数相同，类型相同。例如：

```
//使用循环移位函数_ crol （）_ 实现从上向下流水效果
```

```
#include  <reg51.h>
#include  <INTRINS.H>          //C51 内置库函数,库函数中定义了移位函数
#define uchar unsigned char
#define uint unsigned int
void delay (uint ms);      //函数声明
void main (void)
{
  P1 = 0xfe;
  while (1)
   {
      delay (300);             //调用延时函数延时 300ms
      P1 = _crol_(P1, 1);        //调用循环左移函数,将数据循环左移一位
   }
}
void delay (uint ms)        //函数定义
{
  uint j;
  uchar i;
  for (j = 0; j < ms; j + + )
    for (i = 0; i < 125; i + + )
      { ; }
}
```

上述这段程序中,调用了两个函数,一个是延时函数 delay (300),另外一个是循环左移函数_crol_(P1, 1)。其中 delay 中只有一个实参 300, _crol_() 函数中有两个实参。

> **调试经验**
>
> (1) 如果被调用函数的函数定义在主调用函数之后,则需要在调用之前(一般在程序头部)对函数进行声明。上述程序段中的函数声明如下:
>
> ```
> void delay (uint ms);    //函数声明
> ```
>
> (2) 如果程序中使用了 C51 标准库函数,则在程序的开头要用#include 预处理语句将被调用的函数包含进来。如上述程序段中调用移位函数_crol_() 时,程序头部预处理如下:
>
> ```
> #include <INTRINS.H>       //C51 内置库函数,库函数中定义了移位函数
> ```
>
> (3) 如果被调用的函数不是标准库函数,在本文件中也没有定义,而是在其他文件中定义的,调用时需要使用关键字 "extern" 进行函数原型说明。如上述程序段中如果延时函数的定义在另外一个文件中,则函数声明时需要进行如下说明:
>
> ```
> extern void delay (uint ms);   //函数声明
> ```

【任务拓展】

完成下列功能要求，绘制程序流程图，用 Keil 编写 C 语言源程序，并用 Proteus 进行仿真调试。

（1）用 S1 控制流水的速度，S1 闭合，快速流水（每个灯亮 0.5s）；S1 断开，慢速流水（每个灯亮 1s）。

（2）用 S2 控制流水的方向，闭合时，从上向下流水；断开时，从下向上流水。

任务三　个性化流水彩灯

【任务描述】

用单片机控制彩灯进行个性化流水闪烁变化：左移 2 次，右移 2 次，闪烁 2 次（延时的时间为 0.2s）。

【学习目标】

1. 知识目标

掌握 C51 语言数组的应用。

2. 技能目标

（1）使用数组灵活完成个性化流水彩灯的制作。

（2）熟练使用 Proteus 完成程序的仿真调试。

（3）熟练使用 Keil μ Vision2 完成程序的编写，生成 HEX 文件。

【任务分析】

硬件电路与项目二相同，完成本任务需 4 个学时。重点是在编程中灵活应用数组完成个性化流水彩灯的制作，用心体会如何用软件替代硬件设计。

【设备、仪器仪表及材料准备】

同项目一。

【任务实施】

活动一：绘制程序流程图

程序设计思路：创建一个 ROM 数组，将要显示的流水闪烁的花样数据存放在该数组中，然后从数组中将数据依次取出，由 P1 口输出控制 8 个发光二极管 LED1～LED8 按照某一规律闪烁，当数组中数据全部取完后，再重复上述过程继续流水闪烁。使用延时函数控制流水灯的流水速度。

图 3-22 为个性化流水彩灯参考程序流程图。

活动二：编程

根据图 3-22 将下列程序代码补充完整。

```
//参考程序，个性化流水彩灯
#include  < reg51. h >
#define uchar unsigned char
#define uint unsigned int
uchar code table [ ]  =  {0xfe, 0xfd, 0xfb, 0xf7, 0xef, 0xdf, 0xbf, 0x7f, 0xfe, 0xfd,
```

```
                    0xfb, 0xf7, 0xef, 0xdf, 0xbf, 0x7f,
                    0x7f, 0xbf, 0xdf, 0xef, 0xf7, 0xfb, 0xfd, 0xfe,
                    0x7f, 0xbf, 0xdf, 0xef, 0xf7, 0xfb, 0xfd, 0xfe,
                    0x00, 0xff, 0x00, 0xff, 0x01};
            //将代表闪烁花样数据存入数组table [ ]
uchar i;
void delay(uint ms);
void delay(uint ms)
{
    uint i;
    uchar j;
    for (i = 0; i < ms; i++)
      for (j = 0; j < 125; j++)
        {;}
}
void main(void)
{
    while (1)
      {
        if (table[i]! = 0x01)
          {
            _ _ _ _ _ _ _ _ _ _ _ ; //将 table [i] 中彩灯花样数据输出到 P1 口显示
            i++;
            delay (200); //延时 200ms
          }
        else
          {
            _ _ _ _ _ _ _ _ _ _ ; //若遇到结束标志，则返回显示第一组花样
          }
      }
}
```

活动三：使用 Proteus 完成软件仿真，并调试程序

由学生自己动手进行软件仿真，并调试程序。

活动四：将程序下载到单片机中，验证其实际功能

由学生自己将程序下载到单片机中并验证其实际功能。

【相关知识】

1. 数组的概念

所谓数组，就是指具有相同数据类型的变量集，并拥有共同的名字。数组中的每个特定

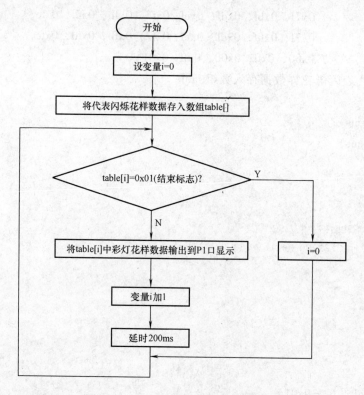

图 3-22　个性化流水彩灯程序流程图

元素都使用下标来访问。数组由一段连续的存储地址构成，最低的地址对应第一个数组元素，最高的地址对应最后一个数组元素。

　　数组按照维数可分为一维、二维、三维和多维数组，常用的是一维和二维数组；按照数据类型可分为整型数组、浮点型数组、字符型数组及指针型数组等，在单片机 C51 语言编程中常用的是整型数组和字符型数组。

　　2. 数组的定义和引用

　　1）一维数组。一维数组的表达形式如下：

类型说明符　数组名［常量表达式］；

　　方括号中的常量表达式称为数组的下标。在 C 语言中，下标是从 0 开始的。例如：

unsigned int a［3］；

　　这里定义了一个无符号的整型数组 a，它有 a［0］~a［2］共 3 个数组元素，每个元素均为无符号整型变量。

　　注意：

　　① 数组名与变量名一样，必须遵循标识符命名规则，数组名不能与其他变量名相同。

　　② 数据类型是指数组元素的数据类型，所有元素的数据类型都是相同的。

　　③ 常量表达式必须用方括号括起来，指的是数组的元素个数（又称数组长度），它是一

个整型值，其中可以包含常数和符号常量，但不能包含变量。

2）二维数组。二维数组的格式如下：

类型说明符 数组名[下标1][下标2]；

例如：

unsigned cha ra[2] [3]；//定义一个无符号字符型二维数组，共有 2×3 = 6 个元素。

该数组中第一下标表示行，第二下标表示列，因此它是一个 2 行 3 列的数组，各数组元素的排列如下：

a[0][0] a[0][1] a[0][2]

a[1][0] a[1][1] a[1][2]

二维数组赋值可以采用以下两种方法赋值：

① 按存储顺序整体赋值。例如：

unsigned int a[2] [3] = {0, 1, 2, 3, 4, 5}；

② 按行分段赋值，这种方法更加直观。例如：

unsigned int a[2] [3] = { {0, 1, 2}, {3, 4, 5} }；

3）字符型数组。字符型数组是用来存放字符的数组，每一个数组元素就是一个字符。与整型数组一样，字符型数组也可以在定义时进行初始化赋值。例如：

char b[5] = {'h','e','l','l','o'}；

该语句定义了一个字符型数组，它共有 5 个元素，每个元素均为字符型变量。当对全体数组元素赋值时，也可以省略数组长度说明，例如：

char b[ ] = {'h','e','l','l','o'}；

这时数组长度将自动定义为 5。

若要在数组中存放一个字符串，可采用如下两种方法：

char str[ ] = {'h','e','l','l','o','\0'}；//"\0"为字符串的结束符

char str[ ] = {"hello"}；

或者写成更简洁的形式：

char str [ ] = "hello"；

【任务拓展】

根据下列要求绘制程序流程图，用 Keil μVision2 编写 C 语言源程序，并用 Proteus 进行仿真调试。

控制 8 个彩灯（LED0 ~ LED7），运行后彩灯分 4 步循环工作：

（1）彩灯按照规定顺序依次点亮（间隔为 1s），最后全亮，时间共 8s。

（2）彩灯按照规定顺序依次熄灭（间隔为 1s），最后全灭，时间共 8s。

（3）8 个彩灯同时亮，时间为 1s。

（4）8 个彩灯同时灭，时间为 0.5s。

第 3 步和第 4 步重复 4 遍，共 6s。如此循环一次共需 22s。

参考程序：

```c
#include <reg51.h>
#define uchar unsigned char
#define uint unsigned int
uchar code led [] = {0x01, 0x01, 0x03, 0x03, 0x07, 0x07, 0x0f, 0x0f,
        0x1f, 0x1f, 0x3f, 0x3f, 0x7f, 0x7f, 0xff, 0xff,
        0xfe, 0xfe, 0xfc, 0xfc, 0xf8, 0xf8, 0xf0, 0xf0,
        0xe0, 0xe0, 0xc0, 0xc0, 0x80, 0x80, 0x00, 0x00,
        0xff, 0xff, 0x00, 0xff, 0xff, 0x00, 0xff, 0xff, 0x00, 0xff, 0xff, 0x00};
void delay (void)
{
  uint i;
  for (i = 0; i < 39000; i++)
    {;}
}
void main (void)
{
  uchar i;
  while (1)
    {
    for (i = 0; i < 44; i++)
    {
      P1 = led [i];
      delay ();
    }
    }
}
```

【评价分析】

完成项目评价反馈表，见表 3-9。

表 3-9　项目评价反馈表

评价内容	分值	自我评价	小组评价	教师评价	综合	备注
单向流水	35					
双向流水	35					
个性化流水	30					
合计	100					
取得成功之处						
有待改进之处						
经验教训						

项目四 密 码 锁

日常生活中密码锁应用非常广，如超市和浴室的储物柜、家庭保险柜等均需要性能可靠的密码锁。密码锁需要通过键盘输入密码，然后才能打开柜子。本项目要求制作一个密码锁，通过该项目的学习，学生应掌握独立式键盘与行列矩阵式键盘的编程方法，以及使用软件消除按键抖动的方法。

任务一 制作四按键密码锁

【任务描述】

制作一个密码锁，该密码锁共有四个按键，这四个按键分别代表数字 0、1、2、3，使用按键输入密码，如果密码正确，密码锁将被打开，否则将保持锁定状态（这里用 LED1 红灯亮表示锁定，LED2 绿灯亮表示锁被打开）。

【学习目标】

1. 知识目标

(1) 了解键盘的分类和键盘按键抖动的原因。

(2) 掌握独立式键盘的编程方法。

(3) 掌握用软件消除按键抖动的方法。

(4) 熟悉独立式键盘的常见硬件电路。

2. 技能目标

(1) 能熟练编写独立式键盘的控制程序。

(2) 能用软件消除键盘按键抖动带来的影响。

【任务分析】

完成本任务需要 4 个学时。在最小系统电路的基础上，将 P1.0 ~ P1.3 口接四个微动开关 KEY1 ~ KEY4，用于输入密码，在 P2.0 和 P2.1 口接两个发光二极管 LED1 和 LED2，显示锁的状态。

【设备、仪器仪表及材料准备】

30W 电烙铁 1 把，数字（或模拟）式万用表 1 块，尖嘴钳、斜口钳、裁纸刀各 1 把，细导线、焊锡和松香若干。

【任务实施】

活动一：识读电路图

图 4-1 为简易四按键密码锁电路原理图。

活动二：绘制仿真电路图

简易四按键密码锁仿真电路图如图 4-2 所示。

活动三：绘制程序流程图

简易四按键密码锁程序流程图如图 4-3 所示。

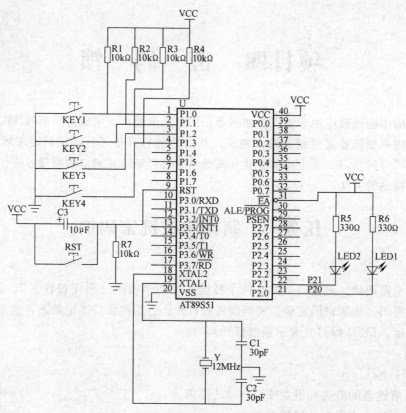

图 4-1　简易四按键密码锁电路原理图

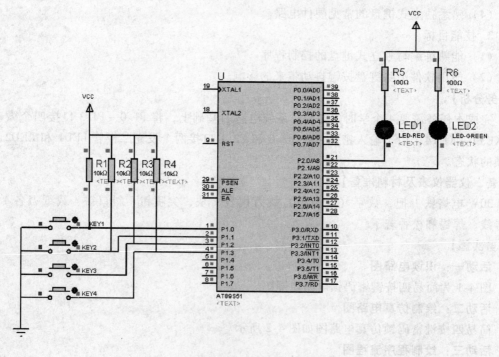

图 4-2　简易四按键密码锁仿真电路图

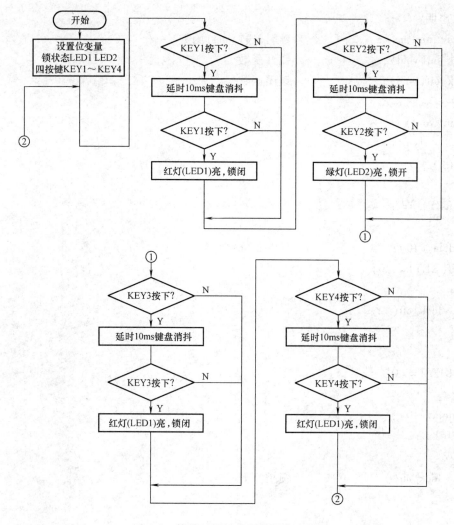

图 4-3　简易四按键密码锁程序流程图

活动四：编写程序

```
// 参考程序-----四按键密码锁
#include  < reg51. h >
#define uint unsigned int
#define uchar unsigned char
sbit LED1 = P2^0;            // 锁状态变量


sbit LED2 = P2^1;
sbit KEY1 = P1^0;            // 四个独立按键
sbit KEY1 = P1^1;
sbit KEY3 = P1^2;
sbit KEY4 = P1^3;
```

```c
// 函数声明
void delay(uint ms);            // 延时毫秒(ms)函数
void lock_on(void);             // 锁开函数
void lock_off(void);            // 锁闭函数
/* --------- 主函数 --------- */
void main(void)
{
  while(1)
  {
    if(KEY1 == 0)
    {
      delay(10);                // 延时 10ms 消抖
      if(KEY1 == 0)
      {
        lock_off();
      }
    }
    if(KEY2 == 0)
    {
      delay(10);
      if(KEY2 == 0)
      {
        lock_on();              // 锁被打开
      }
    }
    if(KEY3 == 0)
    {
      delay(10);
      if(KEY3 == 0)
      {
        lock_off();
      }
    }
    if(KEY4 == 0)
    {
      delay(10);
      if(KEY4 == 0)
      {
```

```
            lock_off( ) ;
        }
      }
    }
}
/ * --------锁打开函数-------- * /
void lock_on( void)
{
  LED1 = 1 ;
  LED2 = 0 ;                      // 绿灯亮,锁被打开
}
/ * --------锁定函数-------- * /
void lock_off( void)
{
  LED1 = 0 ;
  LED2 = 1 ;                      // 红灯亮,锁定
}
/ * --------延时函数-------- * /
void delay( uint ms)
{
  uchar i ;
  uint j ;
  for( j = 0 ; j < ms ; j ++ )
  {
    for( i = 0 ; i < 125 ; i ++ )
    { ; }
  }
}
```

活动五：Proteus 仿真，调试程序

由学生自己动手进行软件仿真，调试程序。

活动六：焊接并装配电路

本电路所需元器件见表 4-1。

表 4-1 简易四按键密码锁电路元器件列表

元器件名称	元器件标号	规格及标称值	数　量
AT89S51	U	DIP40	1 个
瓷片电容	C1、C2	30pF	2 个
电解电容	C3	10μF	1 个
发光二极管	LED1、LED2		2 个

（续）

元器件名称	元器件标号	规格及标称值	数　量
电阻	R1～R4、RT	10kΩ	5 个
	R5、R6	330Ω	2 个
晶体振荡器	Y	12MHz	1 个
小微动开关	KEY1～KEY4、RST		5 个
IC 插座		DIP40	1 个
单孔万能实验板			1 块

图 4-4 为简易四按键密码锁电路实物。

活动七：下载程序，验证结果

由学生自己动手将程序下载到单片机中并验证其实际功能。

【相关知识】

一、键盘简介

键盘是单片机应用系统中最常用的输入设备之一，它是由若干个按键按照一定规则组成的，每一个按键实际上就是一个开关元件，按照构造可分为有触点开关按键和无触点开关按键两类。有触点开关按键有机械开关、微动开关和导电橡胶等；无触点开关按键有电容式按键、光电式按键和磁感应按键等。目前单片机应用系统中主要采用独立式和行列矩阵式两大类键盘，独立式键盘适用于按键数目少于 8 个的场合，行列矩阵式键盘适用于按键数目大于 8 个的场合。

图 4-4　简易四按键密码锁电路实物

二、独立式键盘接口

独立式键盘接口的每个按键占用一根 I/O 端口线，如图 4-5 所示，当某一按键被按下时，该键所对应的口线将由高电平变为低电平。反过来，如果检测到某口线为低电平，则可判断出该口线对应的按键被按下。其特点如下：

（1）各按键相互独立，电路配置灵活。

（2）按键数量较多时，I/O 端口线耗费较多，电路结构繁杂。

（3）软件结构简单，适用于按键数量较少的场合。

三、按键抖动的原因及消除其影响的方法

图 4-6a 为独立式键盘电路，理想情况下其工作原理如下：按键没有被按下时，上拉电阻将 A 输入端电平保持在 +5V 高电平状态，当按键被按下时，A 输入端由 +5V 高电平变为 0V 低电平，表示此时有一次有效的按键输入。实际情况并非如此，单片机应用系统中键盘通常是由机械触点构成的，按下键盘中某一个键时，会产

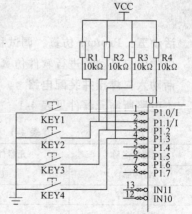

图 4-5　独立式键盘接口电路

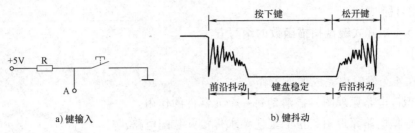

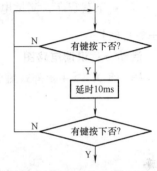

a) 键输入   b) 键抖动

图 4-6 按键操作和按键抖动示意图

生机械抖动,抖动的时间一般为 5~10ms,如图 4-6b 所示。抖动现象会引起单片机对一次按键操作进行多次处理,从而可能产生错误操作。若要消除抖动,可以采用硬件消抖,也可以采用软件消抖,软件消抖成本低,效果好,目前单片机应用系统中通常采用软件消抖的方法。

采用软件消除抖动的具体方法是:检测到按键按下后,执行延时 10ms 子程序,避开按键按下时的抖动时间,然后再确认该键是否确实按下,就可以消除抖动影响了,如图 4-7 所示。

图 4-7 按键软件消抖流程图

编程实例:

```
if( key == 0 )
{
    delay(10);            // 延时 10ms 消抖
    if ( key == 0 )
    {
        ......
    }
}
```

【任务拓展】

根据要求绘制程序流程图和仿真电路图,用 Keil μVision2 编写 C 语言源程序,并用 Proteus 进行仿真调试。

功能要求:制作一个密码锁,当 KEY1 和 KEY3 按键按顺序依次按下时,密码锁会被打开,否则处于锁定状态。

任务二 4×4 矩阵式键盘密码锁的制作

【任务描述】

在 4×4 矩阵式键盘中输入 6 位密码 "123456",如果密码输入正确,按下确认键后,正确 LED 会被点亮,否则 LED 不亮。

【学习目标】

1. 知识目标

了解 4×4 矩阵式键盘的硬件电路组成。

2. 技能目标

掌握 4×4 矩阵式键盘扫描函数的编写方法。

【任务分析】

要求在 4 个学时内完成如下工作：

（1）识读电路原理图，搞清楚每一个元器件的作用。

（2）根据电路原理图，按照工艺要求焊接并装配电路。

（3）绘制程序流程图，编写程序，仿真调试程序。

（4）下载程序，测试电路功能。

【任务实施】

活动一：识读电路图

图 4-8 为 4×4 矩阵式键盘，图 4-9 为矩阵式键盘密码锁电路原理图。P1 口外接 16 个微

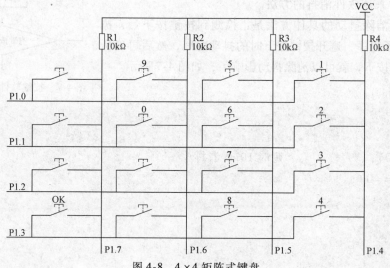

图 4-8 4×4 矩阵式键盘

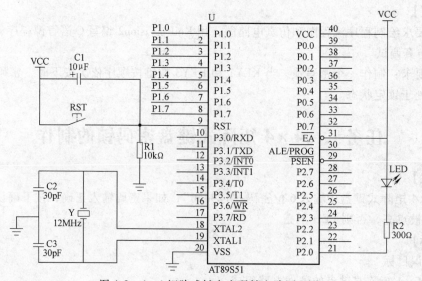

图 4-9 4×4 矩阵式键盘密码锁电路原理图

动开关，组成行列矩阵式键盘，P1.0～P1.3 接键盘的行线，P1.4～P1.7 接键盘的列线，在 P2.0 口外接一个 LED 和一个限流电阻，当密码输入正确时，LED 点亮表示锁打开。

活动二：绘制仿真电路图

4×4 矩阵式键盘密码锁仿真电路如图 4-10 所示。

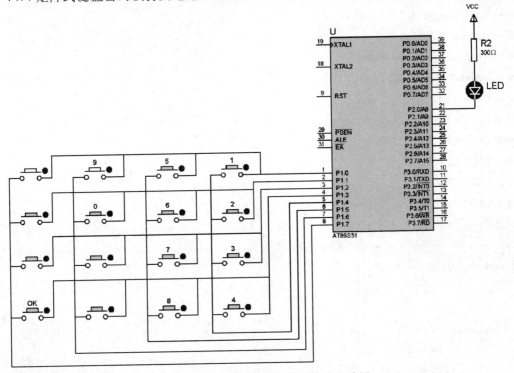

图 4-10　4×4 矩阵式键盘密码锁仿真电路图

活动三：绘制程序流程图

1. 绘制主函数流程图

4×4 矩阵式键盘密码锁主函数流程图如图 4-11 所示。

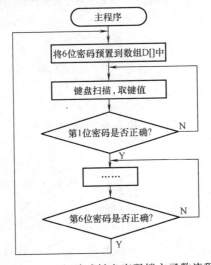

图 4-11　4×4 矩阵式键盘密码锁主函数流程图

2. 绘制键盘扫描函数流程图

由学生自行绘制。

活动四：编程

```c
/* ------------------行列矩阵式键盘密码锁(KEY16. C)------------------ */
#include  <reg51. h >
#include  <INTRINS. H >
#define uchar unsigned char
#define uint unsigned int
sbit P1_0 = P1^0;
sbit P1_1 = P1^1;
sbit P1_2 = P1^2;
sbit P1_3 = P1^3;
sbit LED = P2^0;
sbit LED2 = P2^1;
uchar D[ ] = {1,2,3,4,5,6};          // 预置密码
/* --------------------------延时函数-------------------------- */
delay(uint ms)
{
    uchar i;
    while(ms--)
    {     for(i = 0;i < 125;i ++)
        {;}
    }
}
/* ---------------------------键盘扫描函数--------------------------- */
// 返回键值1-16,前10个键分别代表1 2 3 4 5 6 7 8 9 0,第16个键表示"OK"
uchar KeyV( )
{
    uchar key,key_value,a;
    P1 = 0x0f;
    if(P1 == 0x0f)
      return(0);               // 检查是否有键按下
    else
    {
      delay(6);
      for(a = 0;a < 4;a ++)
      {
        P1 = _cror_(0x7f,a);     // 循环右移函数,a为移动位数
```

```
                if( P1_0 ==0) break;
                if( P1_1 ==0) break;
                if( P1_2 ==0) break;
                if( P1_3 ==0) break;
            }
        key = P1;
        while( P1! =0x0f)            // 等待松开按键
        {
            P1 =0x0f;
        }
        switch( key)
        {
            case 0xee:key_value =1;break;// 1
            case 0xed:key_value =2;break;// 2
            case 0xeb:key_value =3;break;// 3
            case 0xe7:key_value =4;break;// 4
            case 0xde:key_value =5;break;// 5
            case 0xdd:key_value =6;break;// 6
            case 0xdb:key_value =7;break;// 7
            case 0xd7:key_value =8;break;// 8
            case 0xbe:key_value =9;break;// 9
            case 0xbd:key_value =0;break;// 0
            case 0xbb:key_value =11;break;//
            case 0xb7:key_value =12;break;//
            case 0x7e:key_value =13;break;//
            case 0x7d:key_value =14;break;//
            case 0x7b:key_value =15;break;//
            case 0x77:key_value =16;break;// OK
            default:break;
        }
        return( key_value);
    }
}
/*------------------------------主函数------------------------------*/
main( void)
{

    uchar key_value =0xff;
```

```
while(1)
{
    while(key_value! = D[0])          // 与数组中预置的密码逐位比对
       {key_value = KeyV();}          // 键盘扫描,并取键值
    while(key_value! = D[1])
       {key_value = KeyV();}
    while(key_value! = D[2])
       {key_value = KeyV();}
    while(key_value! = D[3])
       {key_value = KeyV();}
    while(key_value! = D[4])
       {key_value = KeyV();}
    while(key_value! = D[5])
       {key_value = KeyV();}
    while(key_value! = 16)
       {key_value = KeyV();}
    LED = 0;                          // 密码比对正确,开锁
}
}
```

活动五：软件仿真，并调试程序

由学生自己动手进行软件仿真，并调试程序。

活动六：焊接并装配电路

表 4-2 为 4×4 矩阵式键盘密码锁电路元器件列表。

图 4-12 为 4×4 矩阵式键盘密码锁电路实物。

表 4-2 4×4 矩阵式键盘密码锁电路元器件列表

元器件名称	元器件标号	规格及标称值	数　量
AT89S51	U	DIP40	1 个
瓷片电容	C2、C3	30pF	2 个
电解电容	C1	10μF	1 个
电阻	R1	10kΩ	1 个
电阻	R2	300Ω	1 个
晶体振荡器	Y	12MHz	1 个
微动开关	KEY1～KEY16、RST		17 个
IC 插座		DIP40	1 个
发光二极管	LED		1 个
单孔万能实验板			1 块

活动七：将程序下载到单片机中，验证其实际功能

由学生自己动手将程序下载到单片机中并验证其实际功能。

【相关知识】

一、行列矩阵式键盘软件扫描方法

（1）从 P1 口的高四位送出低电平，然后读取 P1 口数据，若送出去的数据与读取的数据一致，表示没有键被按下，若不一致则表示有键被按下。

（2）若有键被按下，应逐列扫描，从 P1 口高四位逐列送出低电平，然后逐行读取 P1 口低四位数据，若某一行为低电平，

图 4-12   4×4 矩阵式键盘密码锁电路实物

则表示该行某一个键被按下，此时读取 P1 口对应的数据，就可以获得键盘的键值。

二、键盘的工作方式

键盘的响应速度取决于键盘的工作方式，键盘的工作方式应根据实际应用系统中 CPU 的工作状况而定，选取的原则是既要保证 CPU 能及时响应按键操作，又不要过多占用 CPU 的工作时间。通常，键盘的工作方式有 3 种，即编程扫描、定时扫描和中断扫描。

1. 编程扫描

编程扫描方式是利用 CPU 完成其他工作的空余时间，调用键盘扫描子程序来响应键盘的输入要求。在执行按键的功能程序时，CPU 不再响应其他按键的输入要求，直到 CPU 重新扫描键盘为止。

键盘扫描程序一般应包括以下内容：

1）判别有无键按下。

2）键盘扫描取得闭合键的行、列值。

3）用计算法或查表法得到键值。

4）判断闭合键是否释放，若没释放则继续等待。

5）将闭合键键号保存，同时转去执行该闭合键的功能。

2. 定时扫描

定时扫描方式就是每隔一段时间对键盘扫描一次，它利用单片机内部的定时器产生一定时间（如 10ms）的定时。当定时时间到就产生定时器溢出中断，CPU 响应中断后对键盘进行扫描，并在有键按下时识别出该键，再执行该键的功能程序。

3. 中断扫描

采用上述两种键盘扫描方式时，无论是否按键，CPU 都要对键盘进行扫描，而单片机应用系统工作时，并非经常需要键盘输入，当无键按下时，扫描键盘的过程就相当于浪费了 CPU 的工作时间，即 CPU 此时处于空扫描状态，是无效的工作。

为了提高 CPU 的工作效率，可以采用中断扫描的工作方式。其工作过程如下：当无键按下时，CPU 处理自己的工作；当有键按下时，产生中断请求，CPU 转去执行键盘扫描子程序，

识别键号进而完成键盘的功能。

【任务拓展】

根据要求绘制程序流程图和仿真电路图，用 Keil μVision2 编写 C 语言源程序，并用 Proteus 进行仿真调试。

功能要求：设置修改密码功能。增加一个"修改密码"键，按下"修改密码"键后，可输入新密码，然后再按一次"修改密码"键确认此密码有效。修改密码期间，LED 亮；修改结束后，LED 灭。

【评价分析】

完成项目评价反馈表，见表 4-3。

表 4-3　项目评价反馈表

评价内容	分值	自我评价	小组评价	教师评价	综合	备注
简易四按键密码锁	40					
4×4 矩阵式键盘密码锁	60					
合计	100					
取得成功之处						
有待改进之处						
经验教训						

项目五 航 标 灯

海上船只航行时，需要航标灯的指引，本项目就来制作一个航标灯，要求航标灯能按照一定规律闪烁。通过本项目的学习，了解定时/计数器和外部中断的结构和工作原理，掌握定时器中断和外部中断的编程方法。

任务一 秒闪航标灯

【任务描述】

制作一个秒闪航标灯，要求航标灯（用 LED 模拟）每秒闪烁一次。

【学习目标】

1. 知识目标

（1）了解定时/计数器的基本结构。

（2）了解定时/计数器的工作原理。

2. 技能目标

（1）能熟练编写定时/计数器初始化程序。

（2）能熟练编写定时/计数器中断服务函数。

【任务分析】

硬件电路和仿真电路与项目二相同，可以直接使用项目二的硬件电路板和仿真电路图。本项目的重点是学习定时器和计数器的编程，学会使用单片机内部的定时器和计数器。

要求在 4 个学时内完成如下工作：

（1）识读电路原理图，搞清楚每一个元器件的作用。

（2）根据电路原理图，按照工艺要求焊接并装配电路。

（3）绘制程序流程图，编写程序，仿真调试程序。

（4）下载程序，测试电路功能。

【设备、仪器仪表及材料准备】

30W 电烙铁 1 把，数字（或模拟）式万用表 1 块，尖嘴钳、斜口钳、裁纸刀各 1 把，细导线、焊锡和松香若干。

【任务实施】

活动一：识读电路图

参见项目二硬件电路图。

活动二：绘制主程序及中断服务子程序流程图

秒闪航标灯主程序及中断服务子程序流程图如图 5-1 和图 5-2 所示。

编程思路：使用定时器 T0 中断，编写一个定时器中断服务函数，每 20ms 中断一次，设置一个全局变量 counter，用来记录中断的次数，每中断一次就加 1，当中断次数达到 50 次（20ms × 50 = 1000ms = 1s），定时时间就到 1s 了，此时将 LED 所在的端口取反，彩灯就可以每秒闪烁一次了。

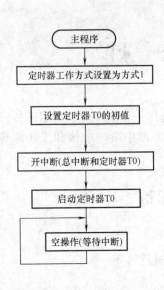

图 5-1　秒闪航标灯主程序

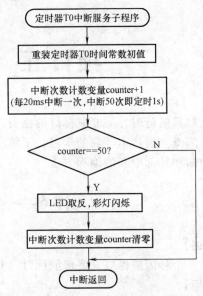

图 5-2　秒闪航标灯中断服务子程序流程图

活动三：编程

根据图 5-1 和图 5-2，将下列程序代码补充完整。

```
// 参考程序---"秒闪航标灯"
#include  < reg51. h >
#define uchar unsigned char
sbit LED1 = P1^0;
uchar counter = 0;// 中断次数计数器清 0(全局变量)
/* ---------------------定时器 T0 中断服务函数--------------------- */
void timer0( ) interrupt 1 using 0       // 定时器 T0 的中断号为 1,使用 0 号寄存器组
{
    _____;       // 重装定时器 T0 的时间常数初值
  TL0 = - 20000 % 256;
  counter ++ ;            // 中断次数计数变量加 1
  if( counter == 50)      // 每 20ms 中断一次,中断 50 次即 1s
  {
    LED1 = ~ LED1;        // LED1 取反,彩灯闪烁
    counter = 0;          // 中断次数计数变量清零
  }
}
/* -------------------------主函数------------------------------- */
void main( void)
{
  TMOD = 0x01;           // 采用定时器 T0 方式 1(16 位定时器)
  TH0 = - 20000/256;     // 设置定时器初值 20ms * 12/12 = 20000μs
```

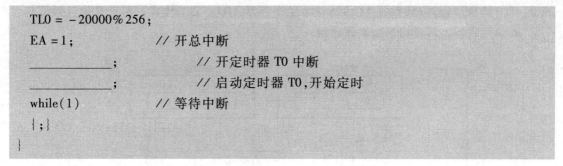

```
    TL0 = -20000%256;
    EA =1;                // 开总中断
    _____;         // 开定时器 T0 中断
    _____;         // 启动定时器 T0,开始定时
    while(1)              // 等待中断
    {;}
}
```

活动四:Proteus 软件仿真,并调试程序

由学生自己动手进行软件仿真,并调试程序。

活动五:下载程序,验证其实际功能

由学生自己将程序下载到单片机中并验证其实际功能。

【任务拓展】

修改航标灯闪烁的频率:要求亮 2s,灭 1s。

根据要求绘制电路原理图、仿真电路图和程序流程图,用 Keil μVision2 编写 C 语言源程序,并用 Proteus 进行仿真调试。

【相关知识】

在日常生活和生产实际经常会用到计数和定时功能,如对生产线上的产品进行计数、电机测速、对外部设备进行定时控制(控制热水器延时启动、微波炉控制加热时间等),都需要用到单片机的定时和计数功能。

一、认识定时/计数器

1. 计数

单片机内部有 T0 和 T1 两个计数器,分别由两个 8 位寄存器构成。T0 由 TH0 和 TL0 两个 8 位特殊功能寄存器构成,T1 由 TH1 和 TL1 构成,T0 和 T1 都是 16 位的计数器,其计数范围为 0~65535。51 单片机的计数器采用加 1 计数,当计满 65536 个数后,会产生计数溢出中断,通知单片机完成相应的工作,如图 5-3 所示。

2. 定时

AT89S51 单片机内部计数器经常被用于定时器来使用,如图 5-4 所示。单片机内部有一个时钟振荡器,它可以产生时钟脉冲信号,假设其频率为 12MHz,经过 12 分频以后,就可以得到频率为 1MHz 的信号,即每个脉冲的周期为 1μs,计数器对此脉冲进行计数,当计满 65536 个脉冲时,共需要 65536μs = 65.536ms,也就是说其最长定时时间为 65.536ms,通过设定初值,就可以得到某一定时时间。定时时间到达规定时间时,同样也会产生计数溢出中断,通知单片机完成相应的任务。

图 5-3 单片机计数方法示意图   图 5-4 单片机定时方法示意图

二、定时/计数器的结构

定时/计数器 T0、T1 的逻辑结构如图 5-5 所示。定时/计数器 T0 由特殊功能寄存器

TH0、TL0 构成，定时/计数器 T1 由特殊功能寄存器 TH1、TL1 构成，两个 8 位计数器构成一个 16 位计数器，两者均为加 1 计数器。

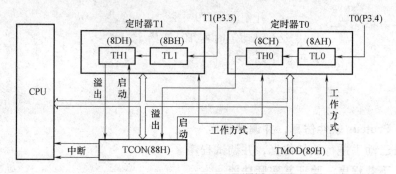

图 5-5　定时/计数器结构示意图

三、定时/计数器的控制

定时/计数器必须在方式控制寄存器和控制寄存器的共同作用下才能正常工作，因此必须掌握 TMOD 和 TCON 的设置方法。

1. TMOD

TMOD 是定时/计数器方式控制寄存器。它用于控制 T0 和 T1 的工作方式，低 4 位用于控制 T0，高 4 位用于控制 T1，8 位控制格式如图 5-6 所示，TMOD 特殊功能寄存器的地址为 89H。

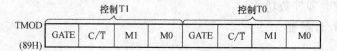

图 5-6　定时/计数器方式控制寄存器 TMOD 的格式

TMOD 各位的控制功能说明如下：

（1）M0、M1：工作方式控制位。51 单片机的定时/计数器共有 4 种工作方式，其选择方法见表 5-1。

表 5-1　定时/计数器的工作方式选择方法

M1	M0	工作方式	计数器功能
0	0	方式 0	13 位计数器
0	1	方式 1	16 位计数器
1	0	方式 2	自动重装初值的 8 位计数器
1	1	方式 3	T0:分为两个 8 位独立计数器;T1:停止计数

（2）$C/\overline{T}$：定时/计数器模式控制选择位。$C/\overline{T}=0$ 时为定时器工作方式，$C/\overline{T}=1$ 时为计数器工作方式，计数器对外部输入引脚 P3.4 或 P3.5 的外部脉冲负跳变（也称负跳沿）进行计数。

（3）GATE：门控位。当 GATE = 0 时，仅由控制寄存器 TCON 的运行控制位 TR0 或 TR1 为"1"来启动定时/计数器；当 GATE = 1 时，由控制寄存器 TCON 的运行控制位 TR0 或 TR1 为"1"和外部中断引脚 P3.2、P3.3 上的高电平共同来启动定时/计数器。

2. TCON

TCON 是定时/计数器控制寄存器。它是一个 8 位特殊功能寄存器，其地址为 88H，TCON 的主要功能是接收各种中断送来的中断请求信号，同时也对定时/计数器进行启动和停止控制。这里主要用 TCON 的高 4 位来控制定时/计数器的启动和中断请求，低 4 位与外部中断有关，这里不作介绍，见表 5-2。

表 5-2 定时/计数器控制寄存器 TCON 的格式

TF1	TR1	TF0	TR0				

（1）TR0 和 TR1：分别是定时/计数器 T0 和 T1 的启动控制位。编程时将该位设置为"1"，表示启动该定时/计数器工作，若设置为"0"表示停止该定时/计数器工作。

（2）TF0 和 TF1：分别是定时/计数器 T0 和 T1 溢出中断请求标志位。当定时/计数器产生溢出时，会将此位置为"1"，表示该定时/计数器有中断请求。

注意：用户只能查询 TF0 和 TF1 的状态，其状态是由硬件自动写入的，不能使用编程的方法对其进行写操作。

定时/计数器 T0 和 T1 是在 TMOD 和 TCON 的联合控制下进行定时或计数工作的，其输入时钟和控制逻辑可用图 5-7 综合表示。

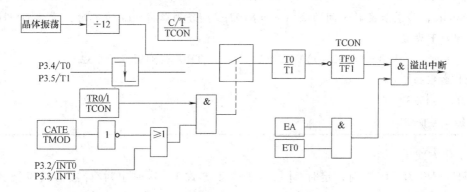

图 5-7 T0 和 T1 输入时钟与控制逻辑图

四、定时/计数器的工作方式

1. 工作方式 0

当 M1、M0 为"00"时，定时/计数器处于方式 0 工作状态。图 5-8 为定时/计数器在方式 0 下的结构框图（以 T0 为例）。

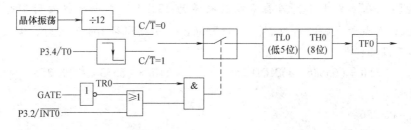

图 5-8 定时/计数器 T0 在方式 0 下的结构框图

方式 0 时，定时/计数器被设置为一个 13 位的计数器，这 13 位由 TH0 的高 8 位和 TL0 中的低 5 位组成，其中 TL0 中的高 3 位不用。TL0 低 5 位溢出则向 TH0 进位，TH0 计数溢出则置位 TCON 中的溢出中断请求标志位 TF0 或 TF1。

图 5-8 中，$C/\overline{T}$ 位控制的电子开关决定了定时/计数器的工作模式。

（1）当 $C/\overline{T}=0$ 时，T0 选择为定时器模式，对 CPU 内部机器周期加 1 计数，其定时时间为

$$T = (8192 - T0\ 初值) \times 机器周期$$

注意：机器周期 = 时钟周期 $\times 12 = 12 \div$ 晶体振荡频率

（2）当 $C/\overline{T}=1$ 时，T0 选择为计数器模式，对 T0（P3.4）脚输入的外部电平信号由"1"到"0"的负跳变进行加 1 计数。

GATE 位的状态决定了定时/计数器运行控制取决于 TR0 一个条件还是 TR0、$\overline{INT0}$ 引脚这两个条件。

1）当 GATE = 0 时，或门的另一输入信号 $\overline{INT0}$ 将不起作用，仅用 TR0 来控制 T0 的启动或停止。

2）当 GATE = 1 时，$\overline{INT0}$ 和 TR0 同时控制 T0 的启/停。只有当两者都为"1"时，定时/计数器 T0 才能启动计数。

调试经验　在方式 0 下，若晶体振荡频率为 12MHz，则一个机器周期时间为 $12 \div 12\text{MHz} = 1\mu s$，其最长定时时间为 $2^{13}\mu s = 8192\mu s$，若要取得 $t\mu s$ 的定时，需要对 TH0 和 TL0 进行如下设置：

$$TL0 = (8192 - t)\ \text{MOD}\ 32 \qquad TH0 = (8192 - t)\ /32$$

C51 编程如下：

TL0 = $- t \% 32$

TH0 = $- t/32$

---

2. 工作方式 1

当 M1、M0 为"01"时，定时/计数器工作于方式 1，这时定时/计数器被设置为一个 16 位加 1 计数器，该计数器由高 8 位 TH 和低 8 位 TL 组成，其定时时间为

$T = (65536 - T0\ 初值) \times 机器周期。$

定时/计数器在方式 1 下的工作情况与在方式 0 下时的基本相同，差别只是计数器的位数不同，这里不再赘述。

注意：方式 0 与方式 1 中，计数溢出后，若要重新开始计数，需要使用软件编程的方法对 TH 与 TL 的初值进行重装操作。

调试经验　在方式 1 下，若晶体振荡频率为 12MHz，则一个机器周期时间为 $12 \div 12\text{MHz} = 1\mu s$，其最长定时时间为 $2^{16}\mu s = 65536\mu s$，若要取得 $t\mu s$ 的定时，需要对 TH0 和 TL0 进行如下设置：

$$TL0 = (65536 - t)\ \text{MOD}\ 256 \qquad TH0 = (65536 - t)\ /256$$

C51 编程如下：

TL0 = $- t \% 256$

TH0 = $- t/256$

3. 工作方式 2

当 M1、M0 为 "10" 时，定时/计数器处于工作方式 2，这时定时/计数器的结构框图如图 5-9 所示（以 T0 为例）。

定时/计数器方式 2 为自动恢复初值的 8 位定时/计数器。TL0 与 TH0 同时存放时间常数初值，当 TL0 计数溢出时，首先将 TF0 置 "1"，然后自动将 TH0 中预存的初值送至 TL0，使 TL0 从初值开始重新计数。

这种工作方式省去了用户软件重装初值的程序，可以更加精确地确定定时时间。

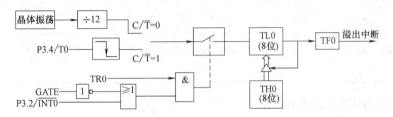

图 5-9 定时/计数器 T0 在方式 2 下的结构框图

> **调试经验** 在方式 2 下，若晶体振荡频率为 12MHz，则一个机器周期时间为 $12 \div 12\text{MHz} = 1\mu s$，其最长定时时间为 $2^8 \mu s = 256\mu s$，若要取得 $t\mu s$ 的定时，需要对 TH0 和 TL0 进行如下设置：
>
> $$TL0 = 256 - t \qquad TH0 = 256 - t$$
>
> C51 编程如下：
>
> TL0 = − t
>
> TH0 = − t

程序举例：利用定时器 T0 工作方式 2 实现 1s 延时，使 LED 每秒闪烁 1 次。

```c
#include  < reg51. h >
#define uint unsigned int
sbit LED = P1^0;
void delay1s( );
while(1)
{
    LED = ~ LED;              // LED 每秒闪烁一次
    delay1s( );
}
void delay1s( )
{
    uint   i;                // i 取值范围为 0 ~ 4000,因此不能定义成 unsigned char
    TMOD = 0x02;             // 设置 T0 为方式 2
    TH0 = 256 - 250;         // 设置定时器初值,定时 250μs
```

```
TL0 = 256 – 250 ;
for( i = 0 ;i < 4000 ;i + + )        // 设置    250μs × 4000 = 1s
{    TR0 = 1 ;                      // 启动定时器 T0
while( ! TF0)                       // 查询计数是否溢出,即定时 250μs 时间到,TF0 = 1
{;}
TF0 = 0 ;                          // 250μs 定时时间到,将定时器溢出标志位 TF0 清零
}
}
```

　　调试经验　这是一种常用的定时器精确延时方法，常用于延时时间要求比较严格的场合。

五、定时/计数程序的编写方法

1. 初始化程序的编写方法

初始化程序编写的基本步骤如下：

（1）设置工作方式（TMOD = ?）。

（2）设置时间常数（定时器工作方式）或计数值（计数器工作方式）TH0、TL0（或 TH1、TL1）。

（3）开总中断（EA = 1）。

（4）开定时/计数器中断（ET0 = 1 或 ET1 = 1）。

（5）启动定时/计数器工作（TR0 = 1 或 TR1 = 1）。

程序举例：用定时器 0（T0，方式 1）定时 10ms（假设单片机晶体振荡频率为 12MHz），见表 5-3。

表 5-3　程序和注释

程序代码	注　释

void main(void)
{
　　TMOD = 0x01 ;
　　TH0 = – 10000/256 ;
　　TL0 = – 10000%256 ;
　　EA = 1 ;
　　ET0 = 1 ;
　　TR0 = 1 ;
}
	
	// 采用定时器 0 方式 1
	// 定时器时间常数高 8 位
	// 定时器时间常数低 8 位
	// 开总中断
	// 开定时器 0 中断
	// 启动定时器 0 开始定时

2. 中断服务函数的编写方法

程序举例：定时器 T0 中断服务函数每 20ms 产生一次中断。

```
/ * -------------------------定时器 T0 中断服务函数------------------------- * /
    timer0( ) interrupt 1 using 0        // interrupt 1　定时器 T0 中断, using 0 采用内部寄
                                              存器组 R0
{
```

```
    TH0 = -20000/256;                        // 重装定时器时间常数初值
    TL0 = -20000%256;
    ……
}
```

上面这段程序中，"interrupt 1"表示该中断服务函数为定时器 T0 中断，因为定时器 T0 的中断号为 1，"using 0"表示中断服务函数采用内部寄存器组 R0，单片机内部共有 R0 ~ R3 四个寄存器组，不同的中断服务函数最好采用不同的寄存器组。

在定时器 T0 方式 1 下，每中断一次需要重新装载定时器 T0 的时间常数初值，为下一次中断作好准备。

任务二 光控航标灯

【任务描述】

制作一个光控航标灯，用某一开关的闭合与断开模拟黑夜与白昼，开关闭合表示黑夜到来，航标灯开始闪烁；开关断开表示白天，航标灯停止闪烁。

【学习目标】

1. 知识目标

了解单片机中断系统的组成。

2. 技能目标

（1）能够编写外部中断的初始化函数。

（2）能够编写外部中断服务函数。

【任务分析】

黑夜与白天的时间随着季节的不同有很大的差异，具有不可预知性，因此需要用光敏传感器采集外界光线的变化，根据光线的强弱控制航标灯的闪烁，这里用开关代替光控电路。

要求在 4 个学时内完成如下工作：

（1）识读电路原理图，搞清楚每一个元器件的作用。

（2）根据电路原理图，按照工艺要求焊接并装配电路。

（3）绘制程序流程图，编写程序，仿真调试程序。

（4）下载程序，测试电路功能。

【设备、仪器仪表及材料准备】

同项目一。

【任务实施】

活动一：识读电路图

在单片机的 P3.2（INT0）引脚接一个按钮 S，用于控制航标灯的闪烁与否，在 P1.0 接一个发光二极管 LED1，模拟航标灯闪烁。如图 5-10 所示。

活动二：绘制仿真电路图

光控航标灯仿真电路如图 5-11 所示。

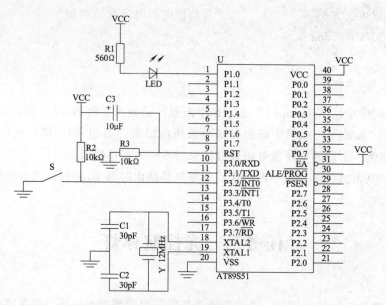

图 5-10　光控航标灯电路原理图

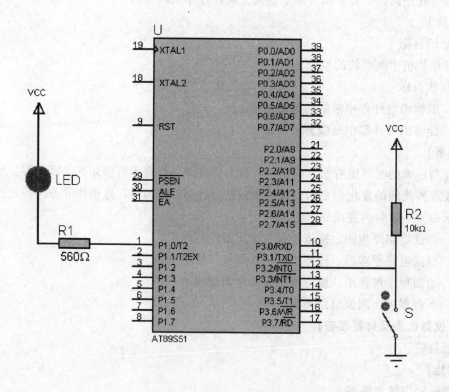

图 5-11　光控航标灯仿真电路图

活动三：绘制程序流程图

1. 绘制主程序流程图

光控航标灯主程序流程图如图 5-12 所示。

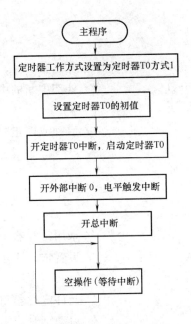

图 5-12 光控航标灯主程序流程图

2. 定时器 T0 中断服务函数

同任务一。

3. 外部中断 0 服务函数流程图

分组讨论,自行绘制。

活动四:编程

根据图 5-12 将下列程序代码补充完整。

```
// 光控"航标灯"程序
#include <reg51.h>
#define uchar unsigned char
sbit LED1 = P1^0;
uchar counter = 0;                  // 中断次数计数器清 0(全局变量)
/*--------------------定时器 T0 中断服务函数--------------------*/
timer0() interrupt 1 using 0
{
    TH0 = -20000/256;               // 重装定时器时间常数初值
    TL0 = -20000%256;
    counter ++;                     //中断次数加 1
    if(counter == 50)               // 每 20ms 中断一次,中断 50 次即 1s
    {
        LED1 = ~LED;                 // LED 取反,彩灯闪烁
        counter = 0;                 // 中断次数计数器清 0
```

```
    }
  }
/ * --------------------------外部中断 0 中断服务函数-------------------------- * /
void int0(void)    interrupt 0 using1              // 外部中断的中断号为 1
  {
  _____;                                    // 启动或停止"航标灯"闪烁
  }
/ * --------- 主函数--------- * /
void main(void)
  {
    TMOD = 0x01;                                     // 采用定时器 T0 方式 1(16 位定时器)
    TH0 = - 20000/256;                               // 设置定时器初值 20ms * 12/12 = 20000μs
    TL0 = - 20000%256;
    ET0 = 1;                                         // 允许定时器 T0 中断
    TR0 = 1;                                         // 启动定时器 T0
    _____;                                  // 允许外部中断 0 中断
    _____;                                  // 电平触发
    EA = 1;                                          // 开总中断
    while(1)                                         // 等待中断
    {;}
  }
```

活动五：软件仿真，并调试程序

由学生自己动手进行软件仿真，并调试程序。

活动六：焊接并装配电路

表 5-4 为光控航标灯电路元器件列表。

表 5-4　光控航标灯电路元器件列表

元器件名称	元器件在电路中的标号	规格及标称值	数量
瓷片电容	C1、C2	30pF	2 个
电解电容	C3	10μF	1 个
发光二极管	LED		1 个
电阻	R1	560Ω	1 个
电阻	R2、R3	10kΩ	2 个
AT89S51	U	DIP40	1 个
晶体振荡器	Y	12MHz	1 个
IC 插座		DIP40	1 个
按钮	S	6mm×6mm	1 个
单孔万能实验板			1 块

活动七：下载程序、验证实际功能

由学生自己动手将程序下载到单片机中并验证其实际功能。

【相关知识】

一、什么是中断

所谓中断，是指当 CPU 执行主程序时，系统中若出现某些急需处理的异常情况和特殊请求时，CPU 会暂时中止主程序的运行，转去对随机发生的更紧迫的事件进行处理，即执行中断服务函数，处理完毕后，CPU 将自动返回到原来主程序的断点处继续执行。其示意图如图 5-13 所示。其中，能引起中断的事情称为中断源。

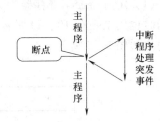

图 5-13 中断执行过程示意图

二、中断源

中断源是指任何引起计算机中断的事件，单片机的中断源越多，其处理突发事件的能力就越强。AT89S51 单片机内部共有 5 个中断源，这 5 个中断源的中断号、名称和作用见表 5-5。

表 5-5 AT89S51 中断源

中断号	中断源的名称	中断源的作用
0	外部中断 0（$\overline{INT0}$）	来自 P3.2 引脚的外部中断请求
1	定时/计数器 0（T0）	定时/计数器 0 溢出中断请求
2	外部中断 1（$\overline{INT1}$）	来自 P3.3 引脚的外部中断请求
3	定时/计数器 1（T1）	定时/计数器 1 溢出中断请求
4	串行口中断	串行口完成一帧发送或接收中断请求

三、中断系统结构

AT89S51 单片机内部中断系统的结构如图 5-14 所示。

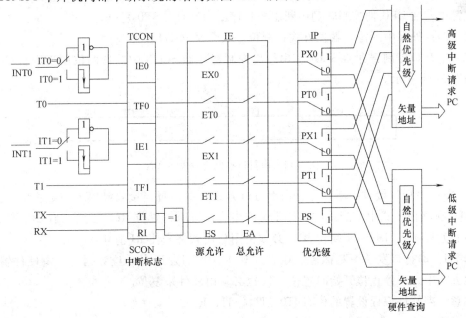

图 5-14 AT89S51 单片机内部中断系统结构示意图

AT89S51 单片机内部每一个中断源都对应一个中断请求标志位，它们设置在特殊功能寄存器 TCON 和 SCON 中。当这些中断源请求中断时，分别由 TCON 和 SCON 中的相应位来锁存。AT89S51 单片机中断允许受到 CPU 开中断和中断源开中断的两级控制，另外，AT89S51 还具有两个中断优先级，每个中断优先级可以通过编程进行控制。

1. 中断标志

（1）定时器控制寄存器 TCON。TCON 是定时/计数器 0 和 1（T0，T1）的控制寄存器，它同时也用来锁存 T0、T1 的溢出中断请求源和外部中断请求源。TCON 寄存器中与中断有关的位如图 5-15 所示。

D7	D6	D5	D4	D3	D2	D1	D0
TF1		TF0		IE1	IT1	IE0	IT0

图 5-15　定时器控制寄存器 TCON

1）TF1：定时/计数器 1（T1）的溢出中断标志。当 T1 从初值开始加 1 计数到计数满，产生溢出时，由硬件使 TF1 置 "1"，直到 CPU 响应中断时由硬件复位。

2）TF0：定时/计数器 0（T0）的溢出中断标志。其作用同 TF1。

3）IE1：外部中断 1 中断请求标志。如果 IT1 = 1，则当外部中断 1 引脚$\overline{INT1}$上的电平由 1 变 0 时，IE1 由硬件置位，外部中断 1 请求中断。在 CPU 响应该中断时由硬件清 0。

4）IT1：外部中断 1（INT1）触发方式控制位。如果 IT1 为 1，则外部中断 1 为负边沿触发方式；如果 IT1 为 0，则外部中断 1 为电平触发方式。此时，外部中断是通过检测$\overline{INT1}$端的输入电平（低电平）来触发的。采用电平触发时，输入到$\overline{INT1}$的外部中断源必须保持低电平有效，直到该中断被响应。同时，在中断返回前必须使电平变高，否则将再次产生中断。

5）IE0：外部中断 0 中断请求标志。如果 IT0 置 1，则当$\overline{INT0}$上的电平由 1 变 0 时，IE0 由硬件置位。在 CPU 把控制转到中断服务程序时由硬件使 IE0 复位。

6）IT0：外部中断源 0 触发方式控制位。其含义同 IT1。

（2）串行口控制寄存器 SCON。串行口控制寄存器 SCON 中的低两位用于串行口中断标志，如图 5-16 所示。

D7	D6	D5	D4	D3	D2	D1	D0
						TI	RI

图 5-16　串行口控制寄存器 SCON

1）RI：串行口接收中断标志。在串行口方式 0 中，每当接收到第 8 位数据时，由硬件置位 RI；在其他方式中，当接收到停止位的中间位置时，置位 RI。注意，当 CPU 转入串行口中断服务程序入口时，不复位 RI，必须由用户用软件来使 RI 清 0。

2）TI：串行口发送中断标志。在方式 0 中，每当发送完 8 位数据时，由硬件置位 TI；在其他方式中，于停止位开始时置位。TI 也必须由软件来复位。

注意：需软件编程设置的位有 IT0、IT1、TI、RI。

2. 中断控制

（1）中断允许和禁止。在 AT89S51 中断系统中，中断允许或禁止是由片内的中断允许寄存器 IE 控制的，如图 5-17 所示。IE 中的各位功能如下：

D7	D6	D5	D4	D3	D2	D1	D0
EA			ES	ET1	EX1	ET0	EX0

图 5-17　中断允许寄存器 IE

1）EA：CPU 中断允许标志。EA = 0，CPU 禁止所有中断，即 CPU 屏蔽所有的中断请求；EA = 1，CPU 开放中断。但每个中断源的中断请求是允许还是被禁止，还需由各自的允许位确定（见 D4 ~ D0 位说明）。

2）ES：串行口中断允许位。ES = 1，允许串行口中断；ES = 0，禁止串行口中断。

3）ET1：定时/计数器 1（T1）的溢出中断允许位。ET1 = 1，允许 T1 中断；ET1 = 0，禁止 T1 中断。

4）EX1：外部中断 1 中断允许位。EX1 = 1，允许外部中断 1 中断；EX1 = 0，禁止外部中断 1 中断。

5）ET0：定时/计数器 0（T0）的溢出中断允许位。ET0 = 1，允许 T0 中断；ET0 = 0，禁止 T0 中断。

6）EX0：外部中断 0 中断允许位。EX0 = 1，允许外部中断 0 中断；EX0 = 0，禁止外部中断 0 中断。

中断允许寄存器中各相应位的状态可根据要求用指令置位或清 0，从而实现该中断源允许中断或禁止中断，复位时，中断允许寄存器 IE 被清 0。

（2）中断优先级控制。AT89S51 中断系统提供两个中断优先级，对于每一个中断请求源都可以编程为高优先级中断源或低优先级中断源，以便实现二级中断嵌套。中断优先级是由片内的中断优先级寄存器 IP 控制的。中断优先级寄存器 IP 如图 5-18 所示。

D7	D6	D5	D4	D3	D2	D1	D0
			PS	PT1	PX1	PT0	PX0

图 5-18　中断优先级寄存器 IP

中断优先级寄存器 IP 中各位的功能如下：

1）PS：串行口中断优先级控制位。PS = 1，串行口定义为高优先级中断源；PS = 0，串行口定义为低优先级中断源。

2）PT1：T1 中断优先级控制位。PT1 = 1，定时/计数器 1 定义为高优先级中断源；PT1 = 0，定时/计数器 1 定义为低优先级中断源。

3）PX1：外部中断 1 中断优先级控制位。PX1 = 1，外部中断 1 定义为高优先级中断源；PX1 = 0，外部中断 1 定义为低优先级中断源。

4）PT0：定时/计数器 0（T0）中断优先级控制位。功能同 PT1。

5）PX0：外部中断 0 中断优先级控制位。功能同 PX1。

中断优先级控制寄存器 IP 中的各个控制位都可由编程来置位或复位，单片机复位后 IP 中，各位均为 0，各个中断源均为低优先级中断源。

四、中断服务函数的编写方法

C51 编译器支持 51 单片机的中断服务程序，用 C 语言编写中断服务函数的格式如下：

函数类型　　　　　函数名（形式参数列表）［interrupt n］［using m］

其中，interrupt 后面的 n 为中断号，取值范围为 0 ~ 4，见表 5-4；using 后面的 m 表示使用的工作寄存器组号（默认使用第 0 组）。

例如：

```
void int_timer1（void）interrupt 3 using 1
{
……
}
```

上述这段程序为定时器 1 的中断服务函数，"3" 为定时器 1 的中断号，"using1" 表示使用 1 号工作寄存器。

【任务拓展】

根据要求绘制电路原理图、仿真电路图和程序流程图，用 Keil μVision2 编写 C 语言源程序，并用 Proteus 进行仿真调试。

利用定时器和中断功能控制一个航标灯，要求：黑夜时，LED 按照指定频率闪烁（例如：亮 2s、灭 1s，循环），白天停止闪烁。

提示：用光敏电阻检测白天还是黑夜，等待中断，夜晚到来时，启动中断服务程序，控制彩灯闪烁。

【评价分析】

完成项目评价反馈表，见表 5-6。

表 5-6　项目评价反馈表

评价内容	分值	自我评价	小组评价	教师评价	综合	备注
秒闪航标灯	50					
光控航标灯	50					
合计	100					
取得成功之处						
有待改进之处						
经验教训						

项目六　倒计数器

制作一个倒计数器，要求能用数码管依次显示 9～0 共 10 个数字，显示到"0"以后，再重新显示"9"，开始新一轮倒计数。

任务一　显示一个字符

【学习目标】

1. 知识目标

了解数码管静态显示电路结构。

2. 技能目标

（1）会编写数码管静态显示程序。

（2）掌握数码管静态显示编程方法。

【任务分析】

在 4 个学时内完成如下工作：

（1）识读电路图，搞清楚每个元器件的作用。

（2）绘制仿真电路图。

（3）编写程序，仿真调试。

【设备、仪器仪表及材料准备】

30W 电烙铁 1 把，数字（或模拟）万用表 1 块，尖嘴钳、斜口钳、裁纸刀各 1 把，细导线、焊锡和松香若干。

【任务实施】

活动一：识读电路图

用一位共阳数码管显示数字，R2～R9 为限流电阻，其静态显示电路原理图如图 6-1 所示。

活动二：绘制 Proteus 仿真电路图

仿真电路如图 6-2 所示，其中 RN1 为 8 个 500Ω 的限流电阻，SEG1 为一位共阳数码管。

活动三：绘制程序流程图

分组讨论绘制，思路如下：

（1）将共阳数码管的段码表存入一个 ROM 数组中。

（2）在数码管上显示"7"。

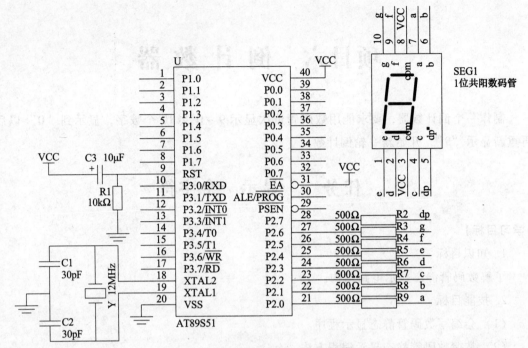

图 6-1　数码管静态显示电路原理图

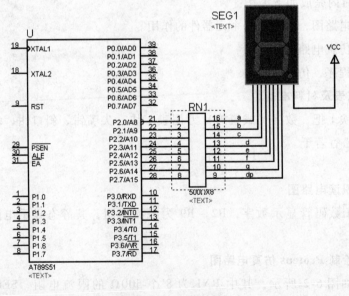

图 6-2　仿真电路图

活动四：编程

```
// 静态显示数字"0"
#include  < reg51. h >
#define uchar unsigned char
```

```
uchar code SEG7[10] = {0xc0,0xf9,0xa4,0xb0,0x99,0x92,0x82,0xf8,0x80,0x90};  // 编
码表
void main(void)          // 关键字 code 表示该数组 SEG 中的数据存放在 ROM 中, SEG7 为只
                            读数组
{
  while(1)
  {
    P1 = SEG7[0];   // 从数组 SEG7[10]中取"0"共阳编码, 并送 P1 口显示
  }
}
```

活动五: 软件仿真, 调试程序

由学生自己动手进行软件仿真, 调试程序。

【相关知识】

一、数码管的静态显示方法

将数码管的 8 个段从 dp ~ a 顺序编码, 就可以得到 "0 ~ 9" 10 个数字的共阳和共阴编码表, 见表 6-1。

表 6-1　共阳和共阴 8 段数码管编码表

字符	共阳编码									共阴编码								
	dp	g	f	e	d	c	b	a	编码	dp	g	f	e	d	c	b	a	编码
0	1	1	0	0	0	0	0	0	0xc0	0	0	1	1	1	1	1	1	0x3f
1	1	1	1	1	1	0	0	1	0xf9	0	0	0	0	0	1	1	0	0x06
2	1	0	1	0	0	1	0	0	0xa4	0	1	0	1	1	0	1	1	0x5b
3	1	0	1	1	0	0	0	0	0xb0	0	1	0	0	1	1	1	1	0x4f
4	1	0	0	1	1	0	0	1	0x99	0	1	1	0	0	1	1	0	0x66
5	1	0	0	1	0	0	1	0	0x92	0	1	1	0	1	1	0	1	0x6d
6	1	0	0	0	0	0	1	0	0x82	0	1	1	1	1	1	0	1	0x7d
7	1	1	1	1	1	0	0	0	0xf8	0	0	0	0	0	1	1	1	0x07
8	1	0	0	0	0	0	0	0	0x80	0	1	1	1	1	1	1	1	0x7f
9	1	0	0	1	0	0	0	0	0x90	0	1	1	0	1	1	1	1	0x6f
熄灭	1	1	1	1	1	1	1	1	0xff	0	0	0	0	0	0	0	0	0x00

实际使用时, 通常将数码管的七段编码表存放在一个 ROM 数组中, 每一位字段码分别从 I/O 控制口输出, 保持不变直至 CPU 刷新, 就可以显示出相应的字形。静态显示的特点是编程比较简单, 但占用 I/O 口线较多, 硬件电路复杂, 成本高, 一般适用于显示位数较少的场合。

二、程序举例

```
#include <reg51.h>
#define uchar unsigned char
uchar code SEG[10] = {0xc0,0xf9,0xa4,0xb0,0x99,0x92,0x82,0xf8,0x80,0x90};  // 编码表
```

```
void main( void)        // 关键字 code 表示该数组 SEG 中的数据存放在 ROM 中,为只读数组
{
  while(1)
  {
    P1 = SEG[0];  // 从数组 SEG[10]中取"0"的共阳编码
                  // 通过 P1 口输出给共阳数码管显示
  }
}
```

【任务拓展】

根据要求绘制程序流程图，用 Keil μVision2 编写 C 语言源程序，并用 Proteus 进行仿真调试。

功能要求：

（1）显示带小数点的数字"7."，小数点每秒闪烁一次。

（2）显示字符"F"。

（3）每隔 1s 显示 1 段。

任务二　制作一位倒计数器

【学习目标】

1. 知识目标

了解数码管静态显示电路结构。

2. 技能目标

（1）会编写数码管静态显示程序。

（2）能够用数码管制作一个简单的倒计数器。

【任务分析】

一位倒计数器电路原理图与上一任务的数码管静态显示原理图（如图 6-1 所示）完全相同，要求在上一任务的基础上，在 4 个学时内完成如下工作：

（1）绘制倒计数器程序流程图。

（2）编写程序，仿真调试。

（3）按照工艺要求焊接并装配电路。

（4）下载程序，验证功能。

【设备、仪器仪表及材料准备】

30W 电烙铁 1 把，数字（或模拟）式万用表 1 块，尖嘴钳、斜口钳、裁纸刀各 1 把，细导线、焊锡和松香若干。

【任务实施】

活动一：绘制程序流程图

编程思路：

（1）将共阳数码管的 8 段码表存入一个 ROM 数组中。

（2）首先在数码管上显示"9"。

（3）开定时器 T0 中断，启动定时器 T0，每 50ms 中断一次，中断 20 次即 1s，此时将计数值减 1，然后在数码管上显示对应的数值。

（4）当计数值为 0 时，重新将计数值置为"9"，重复倒计数。

活动二：编程

```c
// 参考程序:9~0 倒计数器
#include <reg51.h>
#define uchar unsigned char
#define uint unsigned int
delay(uint ms);
uchar counter = 0;                    // 记录中断次数的全局变量
uchar i = 9;                          // 存放倒计数值全局变量
uchar code SEG[10] = {0xc0,0xf9,0xa4,0xb0,0x99,0x92,0x82,0xf8,0x80,0xa};
// 数码管 8 段码表,对应的数字依次为 0~9
/*-------------------------定时器 T0 中断服务子程序------------------------- */
timer0(void) interrupt 1 using 0
{
    TH0 = -50000/256;                 // 重装 50ms 定时时间常数
    TL0 = -50000%256;
    counter++;
    if(counter == 20)                 // 每计到 20 次中断,约为 1s 的时间(50ms×20 = 1s)
    {
        counter = 0;
        if(i == 0)
            i = 9;                    // 当计数值为 0 时,重新将计数值置为"9",重复倒计数
        else
            i--;
        P2 = SEG[i];                  // 取对应数字的段码,然后送 P2 口输出显示
    }
}
void main(void)
{
    P2 = SEG[9];                      // 首先在数码管上显示"9"
    TMOD = 0x01;                      // 定时器 T0,方式 1
    TH0 = -50000/256;                 // 50ms 定时时间常数
    TL0 = -50000%256;
    EA = 1;                           // 开总中断
    ET0 = 1;                          // 允许定时器 T0 中断
```

```
    TR0 = 1              // 定时器开始定时
while (1)
{;}
}
```

活动三：软件仿真，并调试程序

由学生自己动手进行软件仿真，并调试程序。

活动四：焊接并装配电路

表 6-2 为 9～0 倒计数器电路元器件列表。

表 6-2　9～0 倒计数器电路元器件列表

元器件名称	元器件标号	规格及标称值	数量
电阻	R1	10kΩ	1 个
电阻	R2～R9	500Ω	8 个
AT89S51	U	DIP40	1 个
IC 插座		DIP40	1 个
数码管	SEG1	一位共阳 0.5″	1 个
晶体振荡器	Y	12MHz	1 个
电解电容	C3	10μF/50V	1 个
单孔万能实验板			1 块

图 6-3 为倒计数器电路板实物。

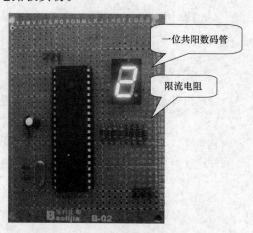

一位共阳数码管

限流电阻

图 6-3　"9～0 倒计数器"电路板实物

活动五：下载程序，验证功能

由学生自己动手将程序下载到单片机中并验证其实际功能。

【任务拓展】

根据要求绘制程序流程图，用 Keil μVision2 编写 C 语言源程序，并用 Proteus 进行仿真调试。

功能要求：

（1）用软件延时的方法制作一个倒计数器（9～0），每秒变化一次。

（2）用一个正计时器（0~9），要求采用单片机的定时器 T1 定时，每秒变化一次。

【评价分析】

完成项目评价反馈表，见表 6-3。

表 6-3 项目评价反馈表

评价内容	分值	自我评价	小组评价	教师评价	综合	备注
显示一个字符	50					
一位倒计数器	50					
合计	100					
取得成功之处						
有待改进之处						
经验教训						

项目七　LED 电子秒表

用单片机和 LED 数码管制作一个时间可调的电子表，可以正常显示时、分、秒，还可以通过功能按键调时。

任务一　制作显示时、分、秒的电子表

【学习目标】

1. 知识目标

掌握数码管的动态显示方法。

2. 技能目标

（1）能熟练编写定时器中断函数。

（2）会编写数码管动态显示程序。

【任务分析】

在 6 个学时内完成如下工作：

（1）识读电路图、绘制仿真电路图。

（2）绘制程序流程图，编写仿真程序，仿真调试。

（3）焊接并装配电路，下载程序，并验证功能。

【设备、仪器仪表及材料准备】

30W 电烙铁 1 把，数字（或模拟）式万用表 1 块，尖嘴钳、斜口钳、裁纸刀各 1 把，细导线、焊锡和松香若干。

【任务实施】

活动一：识读显示时、分、秒的电子表电路原理图。

图 7-1 为能显示时、分、秒的电子表电路原理图，其中 DS1 和 DS2 为两个四位一体的数码管，用于显示时、分、秒 6 位数字，其中 DS2 只用到其中的两位。74LS245 为总线驱动器，用于提高单片机的带载能力，7406 为六反相器，用于驱动数码管显示。

活动二：绘制仿真电路图

电子秒表仿真电路如图 7-2 所示。

活动三：绘制程序流程图

1. 绘制主函数流程图

电子表主函数流程图如图 7-3 所示。

2. 绘制显示函数流程图

电子表显示函数流程图如图 7-4 所示。

3. 绘制定时器 T0 中断服务函数流程图

定时器 T0 中断服务函数流程图如图 7-5 所示。

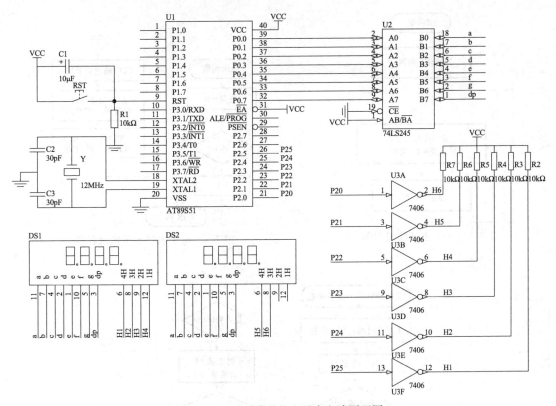

图 7-1 显示时分秒的电子表电路原理图

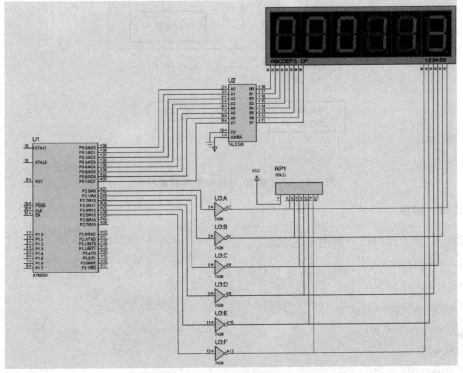

图 7-2 电子秒表 Proteus 仿真电路图

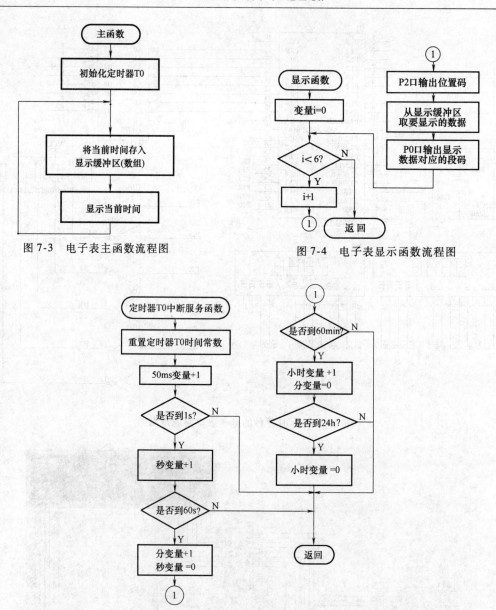

图 7-3　电子表主函数流程图

图 7-4　电子表显示函数流程图

图 7-5　定时器 T0 中断服务函数流程图

活动四：编程

```
//参考程序:显示时、分、秒的电子表程序
#include  < reg51. h >
#include  < intrins. h >
#define uchar unsigned char
#define uint unsigned int
sbit LED0 = P0^0 ;
uint   t_50ms = 0 ;
```

```
uchar hour = 0;
uchar min = 0;
uchar sec = 0;
uchar buf[6] = {0,0,0,0,0,0};//sec1 sec0 min1 min0 hour1 hour0  时间缓存区(秒  分
小时)
uchar code SEG[10] = {0x3f,0x06,0x5b,0x4f,0x66,0x6d,0x7d,0x07,0x7f,0x5f};//共阴编
码表 uchar code POS[6] = {0x01,0x02,0x04,0x08,0x10,0x20};//位码
/* ----------------------------------------函数声明------------------------------------- */
void disp(void);
void disp_min(void);
void disp_sec(void);
void disp_hour(void);
/* ----------------------------------------延时 kms 函数------------------------------- */
void delay(uint k)
{
   uint i;
   uchar j;
   for(i = 0;i < k;i + + )
   {
   for(j = 0;j < 125;j + + )
     {;}
   }
}
/* ---------------------------------定时器 T0 初始化函数------------------------------- */
void init_timer0(void)
{
TMOD = 0x01;
TL0 = -50000%256; // 50ms/1μs = 50 000
TH0 = -50000/256;
TR0 = 1;
ET0 = 1;
}
/* -----------------------------定时器 T0 中断服务函数------------------------------- */
void Int_timer0() interrupt 1 using 0
{
TL0 = -50000%256;      // 50ms/1μs = 50 000   重置时间常数
TH0 = -50000/256;
```

```
t_50ms + + ;//中断次数加 1
if( t_50ms > = 20 )
{
    t_50ms = 0 ;
    sec + + ;//秒加 1
    if( sec > = 60 )
    {
      sec = 0 ;
      min + + ;//秒清零,分加 1
      if( min > = 60 )
      {
        min = 0 ;
        hour + + ;//分清零,小时加 1
        if( hour > = 24 )
        {
          hour = 0 ;//小时归零
        }
      }
    }
}
/ * ------------------------------------显示函数------------------------------------ * /
void disp( void )
{   uchar i,j;
for( i = 0 ;i < = 5 ;i + + )
    {
P2 = POS[ i ] ;
j = buf[ i ] ;
P0 = SEG[ j ] ;
delay( 10 ) ;
    }
  }
/ * ------------------------------------主函数------------------------------------ * /
void main( void )
{
init_timer0( ) ;
EA = 1 ;
```

```
while(1)
    {
        buf[0] = sec%10;    //秒的个位
        buf[1] = sec/10;     //秒的十位
        buf[2] = min%10;    //分的个位
        buf[3] = min/10;    //分的十位
        buf[4] = hour%10;   //小时的个位
        buf[5] = hour/10;   //小时的十位
        disp();             //显示函数
    }
}
```

活动五：软件仿真，调试程序

由学生自己动手进行软件仿真，并调试程序。

活动六：焊接并装配电路

表 7-1 为显示时、分、秒电子表电路元器件列表。

表 7-1　显示时、分、秒电子表电路元器件列表

元器件名称	元器件标号	规格及标称值	数量
瓷片电容	C2、C3	30pF	2 个
电解电容	C1	10μF/16V	1 个
晶体振荡器	Y	12MHz	1 个
电阻	R1 ~ R7	10kΩ	7 个
AT89S51	U1	DIP40	1 个
74LS245	U2	DIP20	1 个
7406	U3A、U3B、U3C、U3D、U3E、U3F	DIP14	6 个
IC 插座		DIP14	1 个
		DIP20	1 个
		DIP40	1 个
数码管	DS1、DS2	四位一体共阴	2 个
微动开关	RST		1 个
单孔万能实验板			1 块

活动七：下载程序，验证功能

由学生自己将程序下载到单片机中并验证其实际功能。

【任务拓展】

（1）在时、分、秒后面加上小数点。

（2）若采用共阳数码管显示，程序或电路如何修改？

任务二 时间可调的电子表

【任务描述】

在显示时、分、秒的电子表上面加上三个功能按键（功能设置键、加一键和减一键），该电子表具有四种功能：正常显示时间功能、调小时、调分钟、调秒数。使用时，先按动功能设置键"MODE"选取某一功能，然后按" + "或" – "键调整时间。

【学习目标】

1. 知识目标

（1）掌握独立式键盘的编程方法。

（2）掌握功能键的设置方法。

2. 技能目标

能编写功能键设置程序。

【设备、仪器仪表及材料准备】

30W 电烙铁 1 把，数字（或模拟）式万用表 1 块，尖嘴钳、斜口钳、裁纸刀各 1 把，细导线、焊锡和松香若干。

【任务分析】

完成本任务需要 4 个学时，在本任务中需要设置一个功能切换键，因此本任务的重点就是在上一个任务的基础上使用功能切换键切换电子表的功能。

【任务实施】

活动一：识读电路图

单片机的 P3.0、P3.1 和 P3.2 口外接三个按键，其中 S1 为功能设置键（MODE），用于选择时、分、秒，S2 和 S3 为"加一"和"减一"键，用于调时。时间可调的电子表电路原理图如图 7-6 所示。

活动二：绘制仿真电路图

时间可调的电子表仿真电路如图 7-7 所示。

活动三：绘制程序流程图

1. 主函数

分组讨论，学生自行绘制。

2. 按键扫描处理函数

按键扫描处理函数流程图如图 7-8 所示。

3. 延时函数

略。

4. 设置工作方式函数

分组讨论，学生自行绘制。

5. 加一函数和减一函数

分组讨论，学生自行绘制。

6. 显示函数

分组讨论，学生自行绘制

7. 定时器 T0 初始化和定时器 T0 中断服务函数

分组讨论，学生自行绘制。

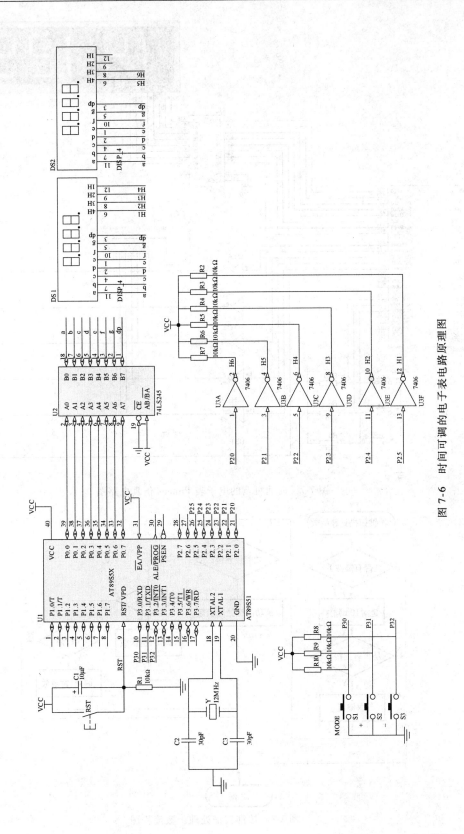

图 7-6 时间可调的电子表电路原理图

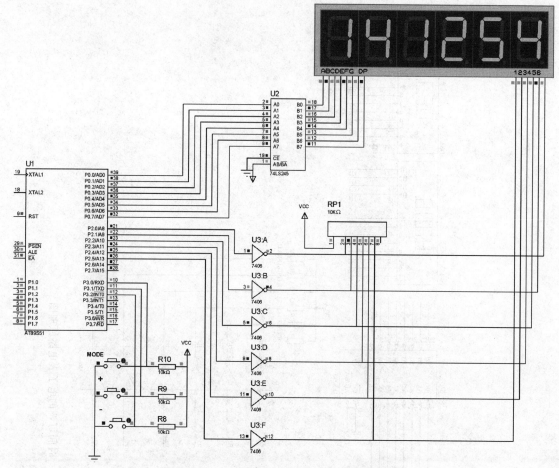

图 7-7　时间可调的电子表 Proteus 仿真电路图

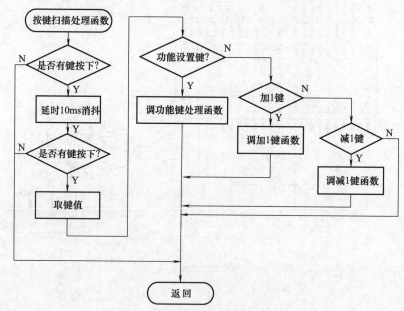

图 7-8　按键扫描处理函数流程图

活动四：编程

```
//参考程序:时间可调的电子表程序
#include ＜reg51.h＞
#include ＜intrins.h＞
#define uchar unsigned char
#define uint unsigned int
sbit LED0 = P0^0;
uchar set = 0;//功能设置
                    //正常显示时间(时分秒)、小时调整显示、分调整显示、秒调整显示
uint   t_100ms = 0;
uchar hour = 0;
uchar min = 0;
uchar sec = 0;
uchar buf[6] = {0,0,0,0,0,0};//   sec1 sec0 min1 min0 hour1 hour0   时间缓存区(秒  分
    小时)
uchar code SEG[10] = {0x3f,0x06,0x5b,0x4f,0x66,0x6d,0x7d,0x07,0x7f,0x5f};//共阴编
码表
uchar code POS[6] = {0x01,0x02,0x04,0x08,0x10,0x20};
/* ----------------------------------------------------函数声明----------------------------------------------- */
void disp(void);
void set_adj(void);
void inc_key(void);
void dec_key(void);
void get_key(void);
void disp_min(void);
void disp_sec(void);
void disp_hour(void);
/* ----------------------------------------------------延时 kms 函数------------------------------------------ */
void delay(uint k)
{
uint i;
uchar j;
for(i = 0;i < k;i + +)
{
for(j = 0;j < 125;j + +)
    {;}
  }
}
/* ----------------------------------------------------按键扫描处理函数---------------------------------------- */
```

```c
void get_key(void)
{
    uchar xx;
    P3 = 0xff;
    if(P3! = 0xff)
    {
        delay(10);      //延时消抖动
        if(P3! = 0xff)
        {
            xx = P3;
            switch(xx)
            {
                case 0xfe:set_adj();break;//模式设置键 1111 1110 p3.0
                case 0xfd:inc_key();break;//加 1 键   1111 1101 p3.1
                case 0xfb:dec_key();break;//减 1 键   1111 1011 p3.2
                default:break;
            }
        }
    }
while(P3! = 0xff)
{;}
}
/* ----------------------------------设置工作模式函数------------------------------------ */

void set_adj(void)
{
    set ++;
    if(set >= 4)
    set = 0;
}
/* ----------------------------------加一键处理函数------------------------------------ */
void inc_key(void)
{
    switch(set)
    {
        case 0:LED0 = 0;break;
        case 1:if(hour <= 22){hour ++;} else {hour = 0;} break;
        case 2:if(min <= 58){min ++;} else {min = 0;} break;
        case 3:if(sec <= 58){sec ++;} else {sec = 0;} break;
        default:break;
        }
```

```
}
/ * ----------------------------------减一键处理函数----------------------------------- * /
void dec_key(void)
{
  switch(set)
    {
    case 0:break;
    case 1:if(hour! =0){hour--;} else {hour=23;} break;
    case 2:if(min! =0){min--;} else {min=59;} break;
    case 3:if(sec! =0){sec--;} else {sec=59;} break;
    default:break;
    }
}
/ * ---------------------------------定时器 T0 初始化函数--------------------------------- * /
void init_timer0(void)
{
TMOD =0x01;
TL0 = -50000%256;       //50ms/1μs=50 000s
TH0 = -50000/256;
TR0 =1;
ET0 =1;
}
/ * ------------------------------定时器 T0 中断服务函数-------------------------------- * /
void Int_timer0() interrupt 1 using 0
{
    TL0 = -50000%256;       // 50ms/1μs=50 000s
    TH0 = -50000/256;
    t_100ms ++;
  if(t_100ms >=20)
  {
    t_100ms =0;
    sec ++;
    if(sec > =60)
    {
      sec =0;
      min ++;
      if(min >=60)
      {
```

```
            min = 0;
            hour + + ;
            if( hour > = 24 )
              {
                hour = 0;
              }
          }
      }
  }
}

/* ----------------------------------显示函数---------------------------------- */
void disp( void )
{   uchar i,j;
   for( i = 0 ;i < = 5 ;i + + )
     {
       P2 = POS[ i ] ;
       j = buf[ i ] ;
       P0 = SEG[ j ] ;
       delay( 10 ) ;
     }
}

/* ----------------------------------主函数---------------------------------- */
void main( void )
{
init_timer0( ) ;
EA = 1 ;
while( 1 )
{
    get_key( ) ;          //按键扫描处理函数
    buf[ 0 ] = sec%10 ;   //秒的个位
    buf[ 1 ] = sec/10 ;    //秒的十位
    buf[ 2 ] = min%10 ;   //分的个位
    buf[ 3 ] = min/10 ;   //分的十位
    buf[ 4 ] = hour%10 ;//小时的个位
    buf[ 5 ] = hour/10 ;  //小时的十位
    disp( ) ;             //显示函数
  }
}
```

活动五：软件仿真，并调试程序

由学生自己动手进行软件仿真，并调试程序。

活动六：焊接电路

表 7-2 为时间可调电子表元器件列表。

表 7-2　时间可调电子表元器件列表

元器件名称	元器件标号	规格及标称值	数量/个
电解电容	C1	10μF/16V	2 个
瓷片电容	C2、C3	30pF	1 个
晶体振荡器	Y	12MHz	1 个
金属膜电阻	R1 ~ R10	10kΩ	10 个
AT89S51	U1	DIP40	1 个
7406	U3A、U3B、U3C、U3D、U3E、U3F	DIP14	6 个
74LS245	U2	DIP20	1 个
IC 插座		DIP40	1 个
		DIP20	1 个
		DIP14	1 个
数码管	DS1、DS2	四位共阴	2 个
微动开关	S1 ~ S3、RST	6 ×6	4 个

活动七：下载程序，验证功能

由学生自己动手将程序下载到单片机中，并验证其实际功能。

【任务拓展】

（1）功能设置，设置某一位时，点亮相应位的小数点。

（2）增加一个清零键，按下此键时间归零。

【评价分析】

完成项目评价反馈表，见表 7-3。

表 7-3　项目评价反馈表

评价内容	分值	自我评价	小组评价	教师评价	综合	备注
显示时、分、秒的电子表	40					
时间可调的电子表	60					
合计	100					
取得成功之处						
有待改进之处						
经验教训						

项目八　LED 点阵显示广告牌

使用一个 8×8 点阵模块制作一个 LED 点阵显示的广告牌，用来显示字符或图形。

任务一　检测 LED 点阵模块

【学习目标】

1. 知识目标

（1）了解 LED 点阵的基本结构。

（2）掌握 LED 点阵的显示原理。

2. 技能目标

（1）能够使用万用表测量 LED 点阵模块的好坏。

（2）能够根据测量结果绘制 LED 点阵模块的引脚排列图。

【任务分析】

用 2 个学时完成下列工作：

（1）用万用表测量 LED 点阵模块。

（2）绘制 LED 点阵模块的引脚排列图。

【设备、仪器仪表及材料准备】

30W 电烙铁 1 把，数字式万用表 1 块，尖嘴钳、斜口钳、裁纸刀各 1 把，细导线、焊锡和松香若干。

【任务实施】

活动一：LED 点阵显示模块的识别和检测

LED 点阵的引脚排列通常可以通过查阅器件手册得到，如果没有器件手册，也可以使用数字万用表测出来，具体方法如下：将数字万用表调整到二极管测试挡，如图 8-1 所示，将红表笔接在某个引脚上，黑表笔分别按顺序接在其他各引脚上测试，同时观察 LED 点阵屏是否有某点被点亮。如果发现没有任何 LED 被点亮，则调换红、黑表笔再按照上述方法继续测试。如果发现某一个 LED 被点亮，则此时红、黑表笔对应的引脚就是被点亮 LED 所在的行列位置及正负极关系，将这个对应关系记录下来，再测试下一个引脚。

活动二：根据测量结果，绘制 LED 点阵模块的引脚排列图

分组讨论，学生自行绘制。

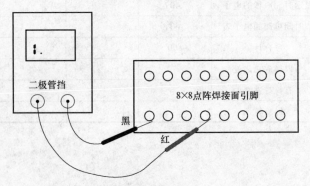

图 8-1　用数字万用表判断 LED 点阵模块的引脚排列顺序

【相关知识】

一、LED 点阵的基本结构及其引脚排列

一块 8×8 LED 单色点阵显示模块是由 64 个发光二极管按一定规律安装成方阵，将其内部各二极管引脚按一定规律连接成 8 条行线和 8 条列线，作为点阵模块的 16 条引脚，最后封装起来构成的。其正面和焊接面如图 8-2 和图 8-3 所示。

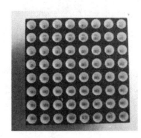

图 8-2　8×8LED 点阵模块正面

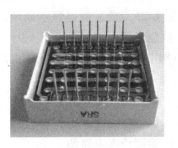

图 8-3　8×8LED 点阵模块焊接面

图 8-4 为 LDM2388SRA 型 φ5mm 的 LED 点阵模块引脚示意图。其中，字母 ROW 开头的表示行引脚，字母 COL 开头的表示列引脚，PIN 表示引脚序号。如第 9 脚为 ROW-1，是第 1 行引脚；第 10 脚为 COL-4，是第 4 列引脚。实际应用中，LED 点阵模块有多种型号，引脚排列不尽相同，需要时可查阅相关资料。

图 8-4　8×8 LDM2388SRA 型 φ5mm LED 点阵模块的引脚示意图

二、LED 点阵显示原理

要想让点阵显示模块显示字符、文字等内容，就必须要弄清楚点阵显示模块的电路结构，只有了解了这些之后，才能知道用什么方法来控制它。根据 LED 的工作原理，只要在 LED 两端加正向电压，它就会被点亮。因此，若要点亮某一个 LED，只需要在特定行和特定列上加上合适的电压即可。

任务二   显示某一个点

【学习目标】

1. 知识目标

掌握 LED 点阵的静态显示原理。

2. 技能目标

能够用单片机控制点亮 LED 点阵模块中的某一个 LED。

【任务分析】

用 4 个学时完成下列工作：

（1）识读电路图。

（2）绘制仿真电路图。

（3）绘制程序流程图。

（4）编程，仿真调试程序。

【设备、仪器仪表及材料准备】

30W 电烙铁 1 把，数字（或模拟）式万用表 1 块，尖嘴钳、斜口钳、裁纸刀各 1 把，细导线、焊锡和松香若干。

【任务实施】

活动一：识读电路图

图 8-5 为 8×8 LED 点阵显示电路原理图，该电路采用共阴接法，使用 P0 口作为点阵数据的输出端，接到 LED 点阵的各条列线上（即 LED 的阳极），注意 P0 口作为输入/输出口

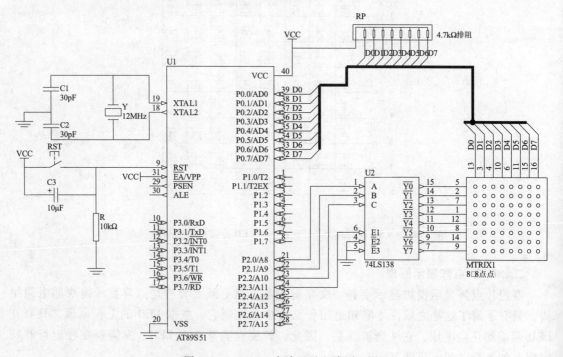

图 8-5   8×8LED 点阵显示电路原理图

使用时，必须要接上拉电阻，这里使用 4.7kΩ 排阻 RP 作为上拉电阻。P2 口作为点阵的行选择输出端，其输出经七段译码器 74LS138 译码控制选中 8×8 点阵的某一行。

活动二：绘制仿真电路图

8×8 点阵仿真电路如图 8-6 所示。

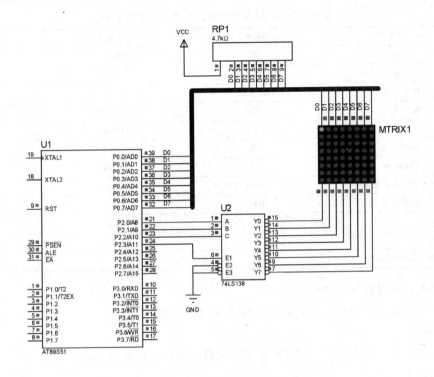

图 8-6　8×8LED 点阵仿真电路图

活动三：绘制程序流程图

分组讨论。

活动四：编写程序

```c
//参考程序:点亮某一个点
#include  <reg52.h>
#define uchar unsigned char
main(void)
{
    while(1)
    {
/////////////////点亮第1行第1列的LED/////////////////
        P0 = 0x01;              //第1列为高电平
        P2 = 0x7f;              //送行选,选中第1行。
    }
}
```

活动五：软件仿真，并调试程序

由学生自己动手进行软件仿真，并调试程序。

活动六：焊接电路

8×8LED 点阵显示电路所需元器件见表 8-1。

表 8-1 8×8LED 点阵显示电路电路元器件列表

元器件名称	元器件标号	规格及标程值	数　量
电阻	R	10kΩ	1 个
排阻	RP	4.7kΩ	1 个
瓷片电容	C1、C2	30pF	2 个
电解电容	C3	10μF/16V	1 个
晶体振荡器	Y	12MHz	1 个
AT89S51	U1	DIP40	1 个
74LS138	U2	DIP16	1 个
8×8LED 点阵模块	SEG1	Φ3mm	1 个
微动开关	RST		1 个
IC 插座		DIP40	1 个
		DIP16	1 个
单孔万能实验板			1 块

活动七：下载程序，验证结果

由学生自己动手将程序下载到单片机中并验证其实际功能。

【任务拓展】

显示某一行（或某一列），绘制程序流程图、编程、仿真调试程序。

任务三　显示某一个字符

【学习目标】

1. 知识目标

了解 8×8LED 点阵的显示原理。

2. 技能目标

（1）能使用字模软件获取 LED 点阵字模数据。

（2）能在 8×8 点阵模块上显示指定的字符或图形。

【任务分析】

本任务使用任务二的硬件电路和仿真电路，因此无需搭建硬件电路和仿真电路，将用 1 个学时完成下列工作：

（1）绘制程序流程图。

（2）编程，仿真调试程序。

（3）下载程序，验证功能。

【任务实施】

活动一：绘制程序流程图

分组讨论。

活动二：编写程序

将程序补充完整。

```
//8 * 8 LED 点阵显示字符"1"程序
#include  < reg52. h >
#define uchar unsigned char
#define uint unsigned int
uchar code num_tab[8] = {0x00,0x00,0x00,0x06,0x04,0x04,0x0E,0x00};
//字符"1"的点阵数据
/////////////函数声明////////////////////////////////
void delay(void);
/////////////主程序//////////////////////////////////
void main(void)
{
uchar i;
while(1)
    {
/////////////////显示一个字符//////////////////////////
        for(i = 0;i < 8;i ++ )
        {
            delay();                  //延时
            P0 = _____;            //查表取字符1的字模,逐列送点阵数据
            P2 = 0x08 | i;            //送行选数据
        }
    }
}
/////////////////延时子程序//////////////////////////
void delay(void)
{
    uint i;
    for(i = 0;i < 500;i ++ )
    {;}
}
```

活动三：软件仿真，并调试程序

由学生自己动手进行软件仿真，并调试程序。

活动四：下载程序，验证功能

由学生自己动手将程序下载到单片机中并验证其实际功能。

【相关知识】　用软件获取点阵数据

任何一个字符或者汉字都是由一个个点组成的，汉字一般由 16×16 点阵组成，字符由

8×8 或 16×8 点阵组成。使用点阵取模软件可以轻松获取汉字或字符的点阵数据。图 8-7 为点阵取模软件 zimo221 的界面，其具体的操作步骤如下：

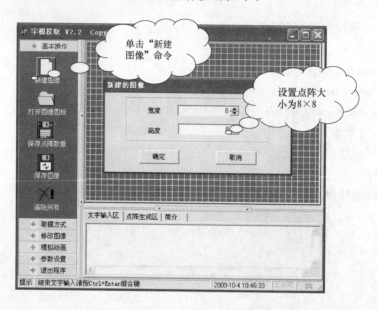

图 8-7　设置其点阵字模大小

（1）建立新图像。若要自行绘制图像，可以在弹出的对话框中设置点阵字模的大小，如果由系统自动生成点阵图形，则无需设置点阵字模的大小。

（2）设置参数。单击"参数设置"命令，然后再单击"其他选项"，在弹出的对话框中设置取模方式为"横向取模""字节倒序"，如图 8-8 所示。

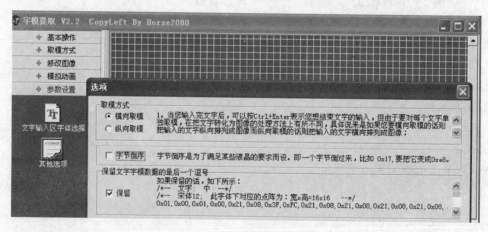

图 8-8　参数设置

（3）生成字模。在"文字输入区"内单击鼠标右键设置文字的字体和字号，然后输入要取模的文字。按"Ctrl + Enter"组合键生成字模，如图 8-9 所示。

（4）获取点阵数据。单击"取模方式"命令，然后单击"C51 格式"，在点阵生成区会显示出相应文字的点阵字模数据，如图 8-10 所示。

图 8-9　生成字模

图 8-10　获取点阵数据

【任务拓展】

根据要求绘制仿真电路图和程序流程图，用 Keil μVision2 编写 C 语言源程序，并用 Proteus 进行仿真调试。

功能要求：在 8×8 点阵模块上显示心形图形（见图 8-11）。

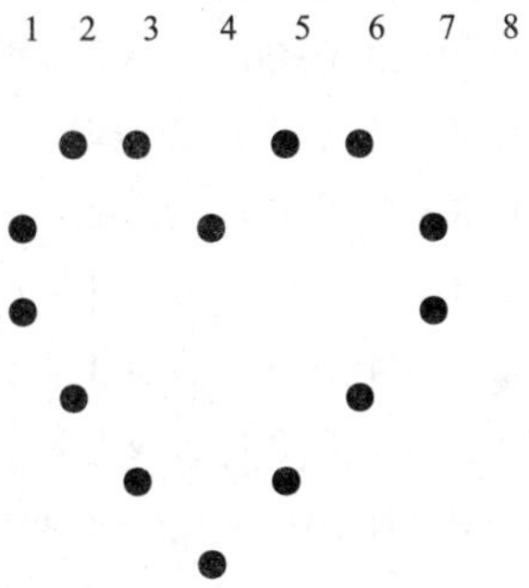

图 8-11　8×8LED 点阵上显示心形

任务四　显示从上向下不断移动的字符

【学习目标】

1. 知识目标

了解 LED 点阵的基本结构。

2. 技能目标

（1）能使用字模软件获取 LED 点阵字模数据。

（2）能在 8×8 点阵模块上显示移动的字符或图形。

【任务分析】

本任务使用任务二的硬件电路和仿真电路，因此无需搭建硬件电路和仿真电路，将用 2 个学时完成下列工作：

（1）绘制程序流程图。

（2）编程，仿真调试程序。

（3）下载程序，验证功能。

【任务实施】

活动一：取要显示的字符的点阵数据

由学生自己完成。

活动二：绘制程序流程图

分组讨论，由各组自行绘制。

活动三：编程

将程序补充完整。

```
//参考程序----在 8 * 8 点阵模块上显示从上向下不断移动的字符
#include  < reg52. h >
#include  < INTRINS. H >
#define uchar unsigned char
#define uint unsigned int
/ * ----------字节倒序,横向取模------------------ * /
uchar   num_tab[ ][8] = {
/ * --8 * 8--阴码--逐行扫描--逆向(低位在前)-- * /
{0x00,0x00,0x02,0x05,0x05,0x05,0x02,0x00},/ * 0 * /
{0x00,0x00,0x00,0x06,0x04,0x04,0x0E,0x00},/ * 1 * /
{0x00,0x00,0x07,0x05,0x02,0x01,0x07,0x00},/ * 2 * /
{0x00,0x00,0x07,0x03,0x04,0x05,0x07,0x00},/ * 3 * /
{0x00,0x00,0x04,0x06,0x05,0x06,0x04,0x00},/ * 4 * /
{0x00,0x00,0x07,0x01,0x07,0x05,0x07,0x00},/ * 5 * /
{0x00,0x00,0x06,0x01,0x0F,0x09,0x0E,0x00},/ * 6 * /
{0x00,0x00,0x0E,0x04,0x04,0x04,0x04,0x00},/ * 7 * /
```

```
{0x00,0x00,0x07,0x05,0x02,0x05,0x07,0x00},/* 8 */
{0x00,0x00,0x07,0x05,0x07,0x04,0x02,0x00} /* 9 */
};
void delay(void);
void main(void)
{
    uchar i,j,k,temp;
    while(1)
    {
/*------------------字符 0~9 循环左移----------------------*/
        for(j=0;j<10;j++)                        //共显示 10 个字符
            for(k=0;k<8;k++)
                for(i=0;i<8;i++)                 //每个字符由 8 个字节组成
                {
                    delay();                     //延时
                    temp=num_tab[j][i];          //查表取字模,逐列送字模
                    P0=temp;
                    num_tab[j][i]=_cror_(temp,1);//8 位循环右移函数
                    _____;                //送行选数据
                }
    }
}
/*----------------------延时子程序----------------------------*/
void delay(void)
{
    uint i;
    for(i=0;i<1500;i++)
    {;}
}
```

活动四：软件仿真，并调试程序。

由学生自己动手进行软件仿真，并调试程序。

活动五：下载程序，验证功能

由学生自己动手将程序下载到单片机中并验证其实际功能。

【相关知识】　LED 点阵动态显示原理

利用人眼的视觉暂留效应，每隔一段时间将 LED 点阵中的某一行设为"0"，其余行设为"1"，选中此行。在这段时间内，这一行就会显示出来，然后再显示下一行，逐行循环显示下去，如果逐行显示的速度足够快，LED 点阵模块上的所有行信息就会显示出来。每选中一行的同时，在列线上应送出对应的点阵数据，就会将整个字符图形显示出来。

【任务拓展】

　　根据要求绘制仿真电路图和程序流程图，用 Keil μVision2 编写 C 语言源程序，并用 Proteus 进行仿真调试。

　　功能要求：改变上述任务中字符移动的方向。

【评价分析】

　　完成项目评价反馈表，见表 8-2。

表 8-2　项目评价反馈表

评价内容	分值	自我评价	小组评价	教师评价	综合	备注
检测 LED 点阵模块	10					
显示某一个点	30					
显示某一个字符	40					
显示不断移动的字符	20					
合计	100					
取得成功之处						
有待改进之处						
经验教训						

项目九　产品计数器

制作一个产品计数器，在流水线上对产品数量计数，用一位数码管显示产品的数量，当计数值为 7 时，将计数值归 0，重新开始计数。

任务一　用串行口输出显示一位数字

【学习目标】

1. 知识目标

(1) 了解串行通信的基本原理。

(2) 了解单片机串行口的基本结构和功能。

(3) 掌握串行口方式 0 的使用方法。

2. 技能目标

能使用串行口完成数码管的静态显示。

【任务分析】

在 4 个学时内完成如下工作任务：

(1) 识读电路图，绘制仿真电路图。

(2) 绘制程序流程图，编写程序，仿真调试。

(3) 焊接电路，下载程序，测试功能。

【设备、仪器仪表、工具及材料】

30W 电烙铁 1 把，数字（或模拟）式万用表 1 块，尖嘴钳、斜口钳、裁纸刀各 1 把，细导线、焊锡和松香若干。

【任务实施】

活动一：识读电路原理图

图 9-1 所示为串行口静态显示电路原理图，将单片机的 P3.0（RXD）引脚与 74LS164 的 1、2 脚（A 和 B 端）连在一起，作为 74LS164 串行数据的输入端；将单片机的 P3.1（TXD）引脚与 74LS164 的 8 脚（时钟输入端 CLK）连在一起，作为 74LS164 的时钟输入端；将 74LS164 的 9 脚（清零端CLR）接高电平，禁止清零。

活动二：绘制仿真电路图

图 9-2 为串行口静态显示仿真电路图。

活动三：绘制程序流程图

串口静态显示主函数和串行口发送一个字节函数流程图如图 9-3 和图 9-4 所示。

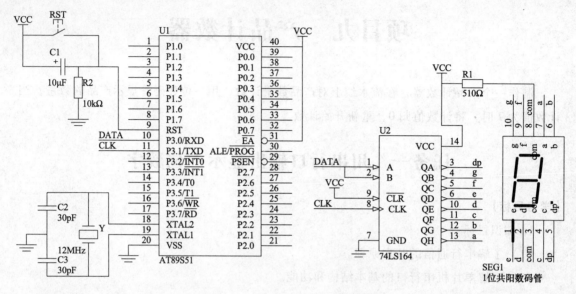

图 9-1　串行口静态显示电路原理图

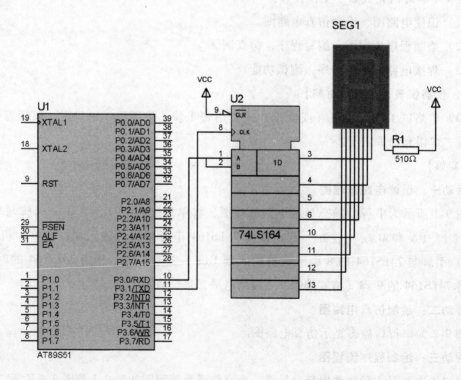

SEG1

图 9-2　串行口静态显示仿真电路图（串行口方式 0 静态显示）

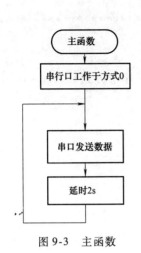

图 9-3　主函数

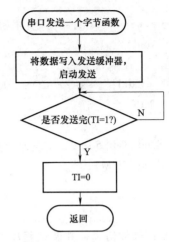

图 9-4　串行口发送一个字节函数流程图

活动四：编程

```
//利用串行口方式 0 静态显示数字"5"
#include < reg51. h >    //包含 51 单片机寄存器定义的头文件
#define uchar unsigned char
#define uint unsigned int
uchar code Tab[10] = {0xc0,0xf9,0xa4,0xb0,0x99,0x92,0x82,0xf8,0x80,0x90} ;//hgfedcba
   共阳


/ ********** 函数功能:延时 kms 函数 *********************************************/
void delay( uint k)
{
  uint i,j;
    for( i = 0;i < k;i + + )
  {
    for( j = 0;j < 125;j + + )
    { ;}
  }
}
/ ************** 函数功能:发送一个字节的数据 ******************************/
void Send( uchar dat)
{

  SBUF = dat;   //将数据写入发送缓冲器,启动发送
  while( TI = = 0)   //若没有发送完毕,等待
    ;
  TI = 0;   //发送完毕,TI 被置"1",需将其清 0
}
```

```
/****************函数功能:主函数*****************************/
void main( void)
{
    SCON = 0x00;         //SCON = 0000 0000B,使串行口工作于方式 0
    while(1)
    {
        Send( Tab[5]) ;   //发送数据
        delay(2000);
    }
}
```

活动五：软件仿真，并调试程序

由学生自己动手进行软件仿真，并调试程序。

活动六：焊接电路

本电路所需元器件见表 9-1。

表 9-1　串口静态显示电路元器件列表

元器件名称	元器件标号	规格及标称值	数　　量
电阻	R2	10kΩ	1 个
	R1	510Ω	1 个
瓷片电容	C2、C3	30pF	2 个
电解电容	C1	10μF/16V	1 个
晶体振荡器	Y	12MHz	1 个
AT89S51	U1	DIP40	1 个
74LS164	U2	DIP14	1 个
数码管	SEG1	一位共阳	1 个
微动开关	RST		1 个
IC 插座		DIP40	1 个
		DIP14	1 个
单孔万能实验板			1 块

活动七：下载程序，验证结果

由学生自己动手将程序下载到单片机中并验证其实际功能。

【相关知识】

一、并行通信和串行通信

1. 并行通信

并行通信是指构成信息的各位二进制字符同时并行传送的通信方法。其优点是传输速度快，缺点是数据有多少位，就需要多少根传输线，仅适合于近距离通信传输，其示意图如图 9-5 所示。

2. 串行通信

串行通信是指构成信息的各位二进制字符按顺序逐位传送的通信方式。其优点是只需要一对传输线（如电话线），占用硬件资源少，从而降低了传输成本，特别适用于远距离通信，缺点是传输速度较慢，其示意图如图9-6所示。

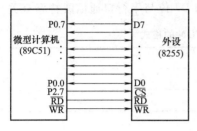

图9-5　并行通信示意图

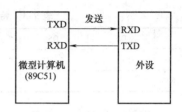

图9-6　串行通信示意图

二、波特率

在串行通信中，发送设备和接收设备之间发送数据的速度和接收数据的速度也必须相同，这样才能保证被传送数据的成功传送。

波特率是传输数据的速率，即每秒传输二进制数据的位数。单位为 bit/s 或波特。波特率是串行通信的重要指标，通信双方必须具有相同的波特率，否则无法成功地完成串行数据通信传输。

三、51 系列单片机串行口的内部结构

51 系列单片机串行口的内部结构如图9-7所示。它有两个独立的接收、发送缓冲器 SBUF，可同时发送和接收数据，发送缓冲器只能写入不能读出，接收缓冲器只能读出不能写入，两个缓冲器共用一个地址。51 单片机串行口有两个控制寄存器：特殊功能寄存器 SCON 和 PCON。

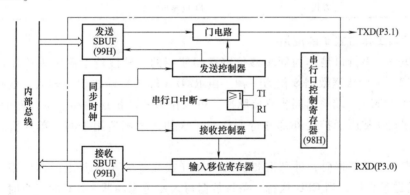

图9-7　AT89S51 串行口结构框图

1. 串行口控制寄存器 SCON

串行口控制寄存器 SCON 用于设置串行口的工作方式、监视串行口工作状态、发送与接收的状态控制等。

其格式见表9-2。

表9-2　控制寄存器 SCON 的格式

D7	D6	D5	D4	D3	D2	D1	D0
SM0	SM1	SM2	REN	TB8	RB8	TI	RI
串行口工作方式的选择位		多机通信控制位	允许接收位	发送数据位 8	接收数据位 8	发送中断标志位	接收中断标志位

2. 特殊功能寄存器 PCON

特殊功能寄存器 PCON 的格式见表 9-3，PCON 的 D7 位与串行口通信波特率有关。

表 9-3　特殊功能寄存器 PCON 的格式

D7	D6	D5	D4	D3	D2	D1	D0
SMOD	—	—	—	—	—	PD	IDL
波特率选择位							

SMOD：波特率选择位。例如：

方式 1 的波特率的计算公式为

$$方式1波特率 = \frac{2^{SMOD}}{32} \times 定时器\ T1\ 的溢出率$$

由上式可见，当 SMOD = 1 时，波特率加倍，所以也称 SMOD 位为波特率倍增位。

四、串行口的工作方式设置

串行口工作方式选择位可构成四种工作方式，见表 9-4。

表 9-4　串行口工作方式选择

SM0	SM1	工作方式	功能说明	波特率
0	0	方式 0	同步移位寄存器方式（用于扩展 I/O 口）	$f_{osc}/12$
0	1	方式 1	10 位异步收发	可变
1	0	方式 2	11 位异步收发	$f_{osc}/64$ 或 $f_{osc}/32$
1	1	方式 3	11 位异步收发	可变

五、串行口工作方式 0 的应用

在方式 0 下，串行口是作为同步移位寄存器使用的。其波特率固定为单片机振荡频率（f_{osc}）的 1/12，串行传送数据 8 位为一帧。由 RXD（P3.0）端输出或输入，低位在前，高位在后。TXD（P3.1）端输出同步移位脉冲，可以作为外部扩展的移位寄存器的移位时钟，因而串行口方式 0 常用于扩展外部并行 I/O 口。这种方式不适用于两个单片机之间的串行通信。

使用方式 0 发送数据时，外部需要扩展一片（或几片）串入并出的移位寄存器，如图 9-8 所示。发送过程中，当 CPU 执行一条将数据写入发送缓冲器 SBUF 的指令时，产生一个正脉冲，串行口开始即把 SBUF 中的 8 位数据以 $f_{osc}/12$ 的固定波特率从 RXD（P3.0）引脚串行输出，低位在先，TXD 引脚输出同步移位脉冲，发送完 8 位数据，将中断标志位 TI 置 "1"。

在方式 0 下，SCON 中的 TB8、RB8 位没用，发送或接收完 8 位数据由硬件将 TI 或 RI 中断标志位置 "1"，CPU 响应 TI 或 RI 中断。TI 或 RI 标志位必须由用户软件清 "0"，可采用如下指令将 TI 或 RI 标志位清 "0"。

TI = 0；// TI 位清 0

RI = 0；// RI 位清 0

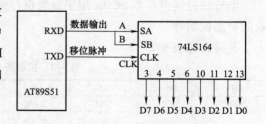

图 9-8　方式 0 扩展并行输出口

方式 0 时，SM2 位（多机通信控制位）必须为"0"。

【任务拓展】

利用串行口制作一个 9~0 的倒计数器。

任务二 制作产品计数器

【学习目标】

1. 知识目标

了解单片机串行口的基本结构和功能。

2. 技能目标

掌握串行口方式 0 的编程方法。

【任务分析】

在 4 个学时内完成如下工作任务：

（1）识读电路图，绘制仿真电路图。

（2）绘制程序流程图，编写程序，仿真调试。

（3）焊接电路，下载程序，测试功能。

【设备、仪器仪表、工具及材料】

30W 电烙铁 1 把，数字（或模拟）式万用表 1 块，尖嘴钳、斜口钳、裁纸刀各 1 把，细导线、焊锡和松香若干。

【任务实施】

活动一：识读电路图

采用单片机的串行口和移位寄存器 74LS164 驱动一位数码管进行静态显示，按键每按动一次，模拟增加一个产品，其电路如图 9-9 所示。

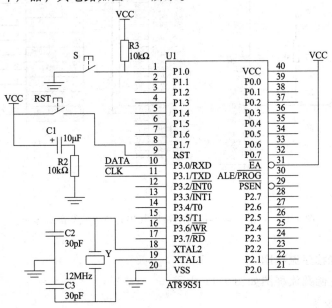

图 9-9　产品计数器电路原理图（串行口方式 0 静态显示）

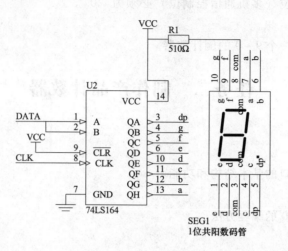

图 9-9　产品计数器电路原理图（串行口方式 0 静态显示）（续）

活动二：绘制仿真电路图

图 9-10 为产品计数器仿真电路图。

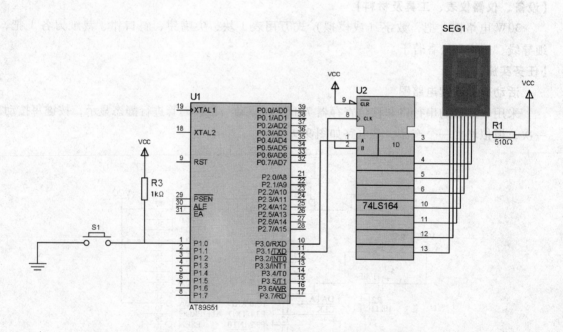

图 9-10　产品计数器仿真电路图（串行口方式 0 静态显示）

活动三：绘制程序流程图

产品计数器主函数流程图如图 9-11 所示。

活动四：编程

根据图 9-11，将程序代码补充完整。

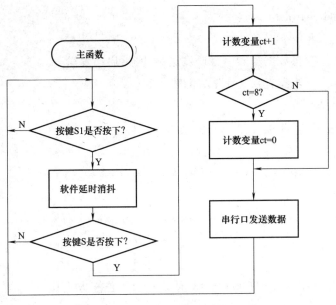

图 9-11 产品计数器主函数流程图

```
//利用串行口方式 0 静态显示的产品计数器
#include < reg51. h >    //包含 51 单片机寄存器定义的头文件
#include < intrins. h > //包含函数_nop_( )定义的头文件
#define uchar unsigned char
#define uint unsigned int
uchar code Tab[10] = {0xc0,0xf9,0xa4,0xb0,0x99,0x92,0x82,0xf8,0x80,0x90};//共阳
sbit KEY = P1^0;
uchar ct = 0;
/***************************************************************
函数功能:延时 kms 函数 *****************************************/
void delay( uint k)
{
    uint i;
    uchar j;
    for( i = 0;i < k;i + + )
    {
        for( j = 0;j < 125;j + + )
        {;}
    }
}
/***************************************************************
函数功能:发送一个字节的数据
***************************************************************/
```

```c
void Send(unsigned char dat)
{
    _____;          //将数据写入串行口发送缓冲器,启动发送
    while(TI==0)      //若没有发送完毕,等待
        ;
    TI=0;      //发送完毕,TI 被置"1",需将其清 0
}
/***************************************************

函数功能:主函数

 ***************************************************/
void main(void)
{
    _____;          //SCON=0000 0000B,使串行口工作于方式 0
    while(1)
    {
        if(KEY==0)
        {
            delay(10);              //按键消抖
            if(KEY==0)
            {
                while(KEY==0)
                {;}
                ct++;
                if(ct==8)
                {
                    ct=0;
                }
                Send(Tab[ct]);   //发送数据
            }
        }
    }
}
```

活动五：软件仿真，并调试程序

由学生自己动手进行软件仿真，并调试程序。

活动六：焊接并装配电路

表 9-5 为产品计数器电路的元器件列表

表 9-5　产品计数器电路的元器件列表

元器件名称	元器件标号	规格	数量
电阻	R1、R3	10kΩ	2 个
电阻	R2	510Ω	1 个
瓷片电容	C1、C2	30pF	2 个
电解电容	C3	10μF/16V	1 个
晶体振荡器	Y	12MHz	1 个
AT89S51	U1	DIP40	1 个
74LS164	U2	DIP14	1 个
数码管	SEG1	一位共阳	1 个
微动开关	RST、S		2 个
IC 插座		DIP40	1 个
		DIP14	1 个
单孔万能实验板			1 块

活动七：下载程序，验证功能

由学生自己动手将程序下载到单片机中并验证其实际功能。

【任务拓展】

制作一个 8 路输入的抢答器，数码管显示抢答成功的组号。要求：绘制仿真电路图和程序流程图，编写程序，仿真调试。

【评价分析】

完成项目评价反馈表，见表 9-6。

表 9-6　项目评价反馈表

评价内容	分值	自我评价	小组评价	教师评价	综合	备注
静态显示字符	50					
产品计数器	50					
合计	100					
取得成功之处						
有待改进之处						
经验教训						

项目十　串行口远程控制器

本项目要求在甲、乙两片单片机之间完成远程控制任务，用甲机的按键控制乙机的发光二极管的亮灭。（按下甲机的按键时，乙机的发光二极管被点亮）。

【学习目标】

　　1. 知识目标

　　（1）了解串行口方式1。

　　（2）掌握串行口波特率的计算方法。

　　2. 技能目标

　　能使用串行口完成远程控制任务。

【任务分析】

　　在6个学时内完成如下工作任务：

　　（1）识读电路图，绘制仿真电路图。

　　（2）绘制程序流程图，编写程序，仿真调试。

　　（3）焊接电路，下载程序，测试功能。

【设备、仪器仪表、工具及材料】

　　30W电烙铁1把，数字（或模拟）式万用表1块，尖嘴钳、斜口钳、裁纸刀各1把，细导线、焊锡和松香若干。

【任务实施】

　　活动一：识读电路图

　　在甲机的P1.0口接1个按键S，乙机的P1.0口接1个发光二极管LED，双机通信电路如图10-1所示。

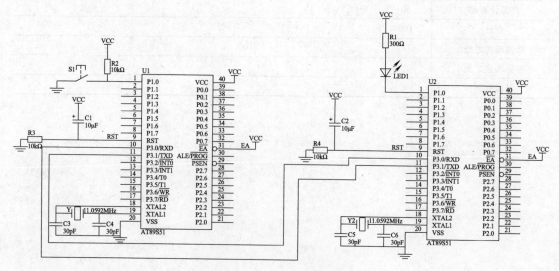

图10-1　双机通信电路原理图

活动二：绘制仿真电路图

双机通信仿真电路如图 10-2 所示。

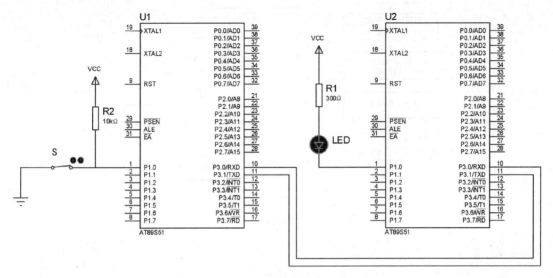

图 10-2　双机通信 Proteus 仿真电路图

活动三：绘制程序流程图

甲机发送和乙机接收程序流程图如图 10-3 和图 10-4 所示。

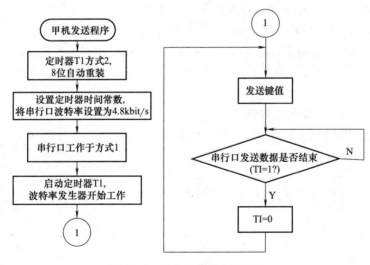

图 10-3　甲机发送程序流程图

活动四：编程

根据图 10-3 和图 10-4 将下面的程序补充完整。

```
//甲机发送程序
#include  < reg51. h >
#define uchar unsigned char
sbit S1 = P1 ^ 0 ;
```

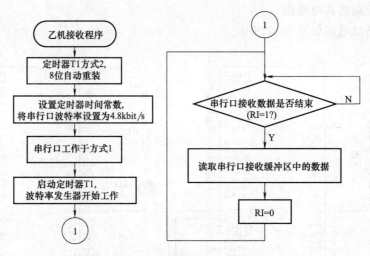

图 10-4 乙机接收程序流程图

```
void main( )
{
    TMOD = 0x20;    //定时器 T1 方式 2,8 位自动重装
    TH1 = 0xfa;
    TL1 = 0xfa;      //波特率设置为 4.8kbit/s
    SCON = 0x50;    //工作于串行口方式 1
    PCON = 0x00;    //SMOD = 0
    TR1 = 1;         //启动定时器 T1,波特率发生器开始工作
    while(1)
    {
        _____;    //发送按键值
        while(! TI);   //等待串行口发送数据结束
        _____;        //TI 清零
    }
}


//乙机接收程序
#include  < reg51. h >
#define uchar unsigned char
sbit LED1 = P1 ^ 0;
void main( )
{
    TMOD = 0x20;    //定时器 T1 方式 2,8 位自动重装
    TH1 = 0xfa;
    TL1 = 0xfa;      //波特率设置为 4.8kbit/s
```

```
    SCON = 0x50;    //工作于串行口方式 1
    PCON = 0x00;    //SMOD = 0
    TR1 = 1;        //启动定时器 T1,波特率发生器开始工作
    while(1)
    {
        while(!RI);    //等待串行口接收数据结束
        _____;//读取串行口接收缓冲区中的数据
        RI = 0;        //将 RI 清零
    }
}
```

活动五：软件仿真，并调试程序

由学生自己动手进行软件仿真，并调试程序

活动六：焊接并装配电路

表 10-1 为串行口远程控制器的元器件列表。

表 10-1 串口远程控制器元器件列表

元器件名称	元器件标号	规格及标称值	数　量
电阻	R1	300Ω	1 个
	R2、R3、R4	10kΩ	3 个
瓷片电容	C3 ~ C6	30pF	4 个
电解电容	C1、C2	10μF/16V	2 个
晶体振荡器	Y1、Y2	11.0592MHz	2 个
AT89S51	U1、U2	DIP40	2 个
微动开关	S		1 个
发光二极管	LED	红色	1 个
IC 插座		DIP40	2 个
单孔万能实验板			1 块

活动七：下载程序，验证功能

由学生自己动手将程序下载到单片机中并验证其实际功能。

【相关知识】

一、串行口工作方式 1

SM0、SM1 为 "01" 时，串行口工作在方式 1，即 10 位异步通信方式。方式 1 用于数据的串行发送和接收，TXD（P3.1）脚和 RXD（P3.0）脚分别用于发送和接收数据。方式 1 收发一帧的数据为 10 位，即发送或接收一帧信息中，除 8 位数据移位外，还包含一个起始位（0）和一个停止位（1），方式 1 的帧格式见表 10-2。

表 10-2　方式 1 的帧格式

起始位	D0	D1	D2	D3	D4	D5	D6	D7	停止位

工作方式 1 的波特率是可变的，由定时器 T1 的计数溢出率决定。相应的公式为

$$方式1波特率 = \frac{2^{SOMD}}{32} \times 定时器\,T1溢出率$$

定时器 T1 的计数溢出率计算公式为

$$定时器\,T1溢出率 = \frac{f_{osc}}{12} \times \frac{1}{2^K - T1初值}$$

式中，K 为定时器 T1 的位数，与定时器 T1 的工作方式有关，波特率计算公式为

$$波特率 = \frac{2^{SMOD}}{32} \times \frac{f_{osc}}{12} \times \frac{1}{2^K - T1初值}$$

方式 1 输出时，数据位由 TXD 端输出，发送一帧信息为 10 位，1 位起始位"0"，8 位数据位（先低位）和 1 位停止位"1"，当 CPU 执行一条数据写发送缓冲器 SBUF 的指令时，就启动发送。发送开始时，内部发送控制信号变为有效，将起始位向 TXD 输出，此后，每经过一个 TX 时钟周期，便产生一个移位脉冲，并由 TXD 输出一个数据位。8 位数据位全部发送完毕后，中断标志位 TI 置"1"。

方式 1 接收数据时（REN = 1，SM0 = 0、SM1 = 1），数据从 RXD（P3.0）引脚输入。当一帧数据接收完毕以后，必须同时满足以下两个条件，这次接收才真正有效。

（1）RI = 0，即上一帧数据接收完成时，RI = 1 发出的中断请求已经被响应，SBUF 中的数据已经被取走，说明"接收 SBUF"已空。

（2）SM2 = 0 或收到的停止位 = 1（方式 1 时，停止位已经进入 RB8），则将接收到的数据装入 SBUF 和 RB8（停止位），且将中断标志位 RI 置"1"。

若这两个条件不同时满足，接收到的数据将不能装入 SBUF，这意味着该帧数据将丢失。

二、波特率的设置

在串行通信中，收发双方对发送或接收的波特率必须一致。通过软件对 51 串行口可设定 4 种工作方式。其中，方式 0 和方式 2 的波特率是固定的；方式 1 和方式 3 的波特率是可变的，由定时器 T1 的溢出率来确定（定时器 T1 的溢出率就是 T1 每秒溢出的次数）。

（1）串行口工作在方式 0 时，波特率固定为时钟振荡频率 f_{osc} 的 1/12，且不受 SMOD 位的值的影响。若 f_{osc} = 12MHz，波特率为 $f_{osc}/12$，即 1Mbit/s。

（2）串行口工作在方式 2 时，波特率与 SMOD 值有关。

$$方式2波特率 = \frac{2^{SMOD}}{64} \times f_{osc}$$

若 f_{osc} = 12MHz：　SMOD = 0　　　　波特率 = 187.5kbit/s

　　　　　　　　　　SMOD = 1　　　　波特率 = 375kbit/s

（3）串行口工作在方式 1 时，常用定时器 T1 作为波特率发生器。T1 的溢出率和 SMOD 的值共同决定波特率，其关系式为

$$波特率 = \frac{2^{SMOD}}{32} \times 定时器\,T1溢出率$$

T1 的溢出率取决于 T1 的工作方式和初值。

在实际设定波特率时，T1 常设置为方式 2 定时（自动装初值），即 TL1 作为 8 位计数器，TH1 存放备用初值。这种方式不仅可使操作方便，也可避免因软件重装初值而带来的定时误差。

设定时器 T1（工作在方式 2）初值为 X，则有：

$$定时器 T1溢出率 = \frac{计数速率}{256 - X} = \frac{f_{osc}/12}{256 - X}$$

$$波特率 = \frac{2^{SMOD}}{32} \times \frac{f_{osc}}{12(256 - X)}$$

可见，这种方式波特率随 f_{osc}、SMOD 以及初值 X 而变化。

在实际使用时，经常根据已知波特率和时钟振荡频率来计算定时器 T1 的初值 X。为避免繁杂的初值计算，常用的波特率和初值 X 间的关系见表 10-3。

表 10-3 用定时器 T1 产生的常用波特率

波特率/(kbit/s)	f_{osc}	SMOD 位	定时器 T1		
			C/T	工作方式	初值
1×10^3（串行口方式 0）	12MHz	×	×	×	×
0.5×10^3（串行口方式 0）	6MHz	×	×	×	×
375（串行口方式 2）	12MHz	1	×	×	×
187.5（串行口方式 2）	6MHz	1	×	×	×
62.5（串行口方式 1 或 3）	12MHz	1	0	2	FFH
19.2	11.0592 MHz	1	0	2	FDH
9.6	11.0592 MHz	0	0	2	FDH
4.8	11.0592 MHz	0	0	2	FAH
2.4	11.0592 MHz	0	0	2	F4H
1.2	11.0592 MHz	0	0	2	E8H

若 AT89S51 单片机的时钟振荡频率为 11.059 2MHz，选用 T1 为方式 2 定时作为波特率发生器，波特率为 2400bit/s，求初值。

设 T1 为方式 2 定时，先 SMOD = 0

将已知条件带入公式

$$波特率 = \frac{2^{SMOD}}{32} \times \frac{f_{osc}}{12(256 - X)} = 2400bit/s$$

从中解得：$X = 244 = F4H$，只要把 F4H 装入 TH1 和 TL1，则 T1 发生的波特率为 2400bit/s。这个结果从表 10-2 中可以直接查到。

这里时钟振荡频率选为 11.059 2MHz，就可以使初值为整数，从而产生精确的波特率。

【任务拓展】

制作一个远程报警器，当有人靠近时，系统自动报警。

【评价分析】

完成项目评价反馈表，见表 10-4。

表 10-4　项目评价反馈表

评价内容	分值	自我评价	小组评价	教师评价	综合	备注
识读电路图	10					
绘制仿真电路图	10					
绘制程序流程图	20					
编程	30					
软件仿真,调试程序	10					
焊接电路	10					
下载程序,验证功能	10					
合计	100					
取得成功之处						
有待改进之处						
经验教训						

提高模块

项目十一 "叮咚"门铃

【任务描述】

用单片机和音频放大器 LM386 制作一个"叮咚"门铃，控制扬声器发出"叮咚"声。

【学习目标】

1. 知识目标

定时器的使用方法。

2. 技能目标

（1）能够熟练编写定时器初始化程序。

（2）能够熟练编写定时器中断服务子程序。

【任务分析】

在 6 个学时内完成如下工作：

（1）识读电路原理图，搞清每个元器件的作用。

（2）绘制仿真电路图。

（3）编写程序流程图。

（4）编程，仿真、调试程序。

（5）焊接并装配电路。

（6）下载程序，验证功能。

【设备、仪器仪表、工具及材料】

30W 电烙铁 1 把，数字（或模拟）式万用表 1 块，尖嘴钳、斜口钳、裁纸刀各 1 把，

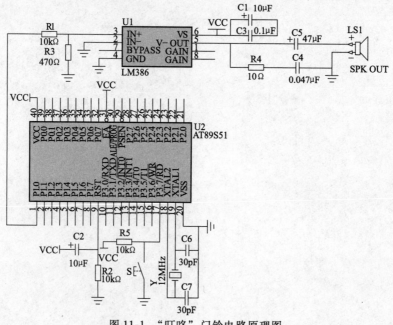

图 11-1 "叮咚"门铃电路原理图

细导线、焊锡和松香若干。

【任务实施】

活动一：识读电路图

按下按钮 S 后，单片机 AT89S51 通过编程产生特定频率的方波信号，该信号由 P1.0 端口输出到音频功率放大器 LM386，经 LM386 放大之后送扬声器发声。"叮咚" 门铃电路原理图如图 11-1 所示。

活动二：绘制仿真电路图

"叮咚" 门铃仿真电路如图 11-2 所示。

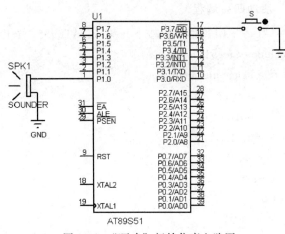

图 11-2 "叮咚" 门铃仿真电路图

活动三：绘制程序流程图

"叮咚" 门铃主函数和中断服务函数流程图如图 11-3 和图 11-4 所示。

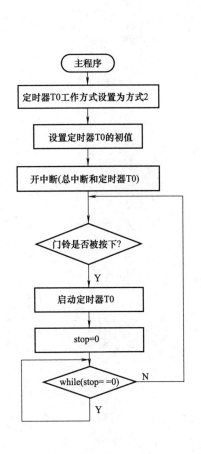

图 11-3 "叮咚" 门铃主函数

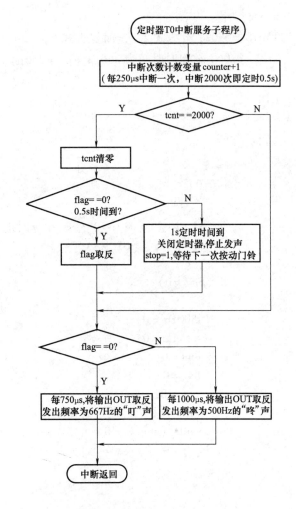

图 11-4 "叮咚" 门铃中断服务函数

活动四：编程

```c
// "叮咚" 门铃程序：按下开关 S，AT89S51 单片机控制扬声器产生 "叮咚" 声
#include < reg51. h >
#define uchar unsigned char
#define uint unsigned int
uchar t500Hz;
uchar t667Hz;
uint tcnt;
bit stop;
bit flag;
sbit S = P3^7;
sbit OUT = P1^0;
void main (void)
{
    uchar i, j;
    TMOD = 0x02;  //方式 2，定时器方式
    TH0 = 0x06;   //定时时间为 256μs-6μs = 250μs
    TL0 = 0x06;
    ET0 = 1;
    EA = 1;
    while (1)
        {
        if (S ==0)
            {
            for (i =10; i >0; i--)         //延时消抖
            for (j =248; j >0; j--)
                {;}
            if (S = =0)
                {
                t500Hz = 0;
                t667Hz = 0;
                tcnt = 0;
                flag = 0;
                stop = 0;
                TR0 = 1;  //启动定时器 T0
                while (stop = =0)  //等待进入定时器中断函数，直到 "叮咚" 声结束
                    ;
                }
            }
        }
}
```

```
}
void t0 （void）interrupt 1 using 0
{
    tcnt + + ;
    if （tcnt = = 2000）    //250μs * 2000 = 500ms = 0.5s
        {
        tcnt = 0;
        if （flag = = 0）//0.5s 定时时间到后，将 flag 取反，准备发出"咚"声
            {
            flag = ~ flag;
            }
        else
            {
            stop = 1; // 1s 定时时间到后，关闭定时器，停止发声
            TR0 = 0;
            }
        }
    if （flag = = 0）
        {
        t667Hz + + ;
        if （t667Hz = = 3）
            {
            t667Hz = 0; //每 750μs，将输出 OUT 取反，发出频率为 667Hz 的"叮"声
            OUT = ~ OUT;
            }
        }
    else
        {
        t500Hz + + ;
        if （t500Hz = = 4）
            {
            t500Hz = 0; //每 1000μs，将输出 OUT 取反，发出频率为 500Hz 的"咚"声
            OUT = ~ OUT;
            }
        }
}
```

活动五：软件仿真，并调试程序

由学生自己动手进行软件仿真，并调试程序。

活动六：焊接并装配电路

表 11-1 为"叮咚"门铃电路所需的元器件列表。

表 11-1 "叮咚"门铃电路元器件列表

元器件名称	元器件标号	规格及标称值	数量
瓷片电容	C6、C7	30pF	2个
瓷片电容	C4	0.047μF	1个
瓷片电容	C3	0.1μF	1个
晶体振荡器	Y	12MHz	1个
电解电容	C1、C2	10μF/16V	1个
电解电容	C5	47μF/16V	1个
电阻	R1、R2、R5	10kΩ	3个
	R4	10Ω	1个
	R3	470Ω	1个
AT89S51	U2	DIP40	1个
微动开关	S		1个
LM386	U1		1个
IC插座		DIP40	1个
		DIP8	1个
扬声器	LS1	8Ω	1个
单孔万能实验板			1块

图 11-5 "叮咚"门铃电路实物图

图 11-5 为已经焊接好的"叮咚"门铃电路实物。

活动七：下载程序，验证功能

由学生自己动手将程序下载到单片机中并验证其实际功能。

【相关知识】

"叮"和"咚"声音信号的频率分别为 667Hz 和 500Hz，这里采用单片机定时器 T0 产生频率为 667Hz 和 500Hz 的方波，设定定时时间为 250μs，即每 250μs 中断一次。因此，频率为 667Hz（周期约为 1500μs）的信号要经过 3 次 250μs 的中断定时（每半个周期高低电平转换一次，产生对应周期的方波信号），而 500Hz（周期为 2000μs）的信号要经过 4 次 250μs 的中断定时。当按下 S 之后，启动 T0 开始工作，当 T0 工作完毕，回到最初状态。"叮"和"咚"声音各占用 0.5s，定时器 T0 应完成 0.5s 定时，以 250μs 为基准定时，需要中断 2000 次。图 11-6 为 667Hz 与 500Hz 的"叮咚"声波形分析。

$$T_1 = 1/f_1 = 1/667\text{Hz} = 0.0015\text{s} = 1.5\text{ms} = 1500\mu\text{s}$$

$$t_1 = T_1/2 = 1500\mu\text{s}/2 = 750\mu\text{s}$$

$$T_2 = 1/f_2 = 1/500\text{Hz} = 0.002\text{s} = 2\text{ms} = 2000\mu\text{s}$$

$$t_2 = T_2/2 = 2000\mu\text{s}/2 = 1000\mu\text{s}$$

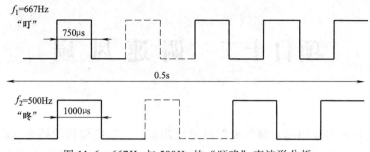

图 11-6 667Hz 与 500Hz 的 "叮咚" 声波形分析

【任务拓展】

根据要求绘制电路原理图、仿真电路图和程序流程图，用 Keil μVision 2 编写 C 语言源程序，并用 Proteus 进行仿真调试。

（1）制作一个报警器，具体功能如下：P1.0 输出 1kHz 和 500Hz 的音频信号驱动扬声器，作报警信号，要求 1kHz 信号响 100ms，500Hz 信号响 200ms，交替进行，P1.7 接一开关进行控制，开关合上报警信号开始鸣响，开关断开报警信号停止鸣响。

（2）制作一台简易电子琴，具体功能如下：使用行列矩阵式键盘设计一个简易电子琴，本项目设计的关键是对应按键按下时能发出对应音调的声音。例如，按下按键 S4 时，蜂鸣器能发出 "低音 sao" 音调的声音。

【评价分析】

完成项目评价反馈表，见表 11-2。

表 11-2 项目评价反馈表

评价内容	分值	自我评价	小组评价	教师评价	综合	备注
识读电路图	10					
绘制仿真电路图	20					
绘制程序流程图	10					
编程	30					
软件仿真，调试程序	10					
焊接电路	10					
下载程序，验证功能	10					
合计	100					
取得成功之处						
有待改进之处						
经验教训						

项目十二 调速风扇

【任务描述】

   直流电动机在很多应用场合都需要对它进行调速。直流电动机的调速方法有多种，目前较适合单片机应用的是脉宽调制 PWM 方式。PWM 方式是以改变脉冲占空比的方法来改变直流电动机的转速，由于这种方法高效节能，因而被广泛应用于电动自行车之类的调速系统中。本项目采用 AT89S51 单片机，以 PWM 方式控制直流电动机的转速，其主要应用背景有：电动自行车、电动铲车及电动公交车的调速系统。

   本项目中设置四个按键，分别为"一挡"、"二挡"、"三挡"和"停止"，对风扇的直流电动机进行三级调速，按下"停止"键，风扇停止转动。

【学习目标】

   1. 知识目标

   了解 PWM 的工作原理。

   2. 技能目标

   （1）能够使用 PWM 技术控制风扇的转速。

   （2）熟练掌握定时器编程方法。

【任务分析】

   在 6 个学时内完成如下工作任务：

   （1）识读电路图，绘制仿真电路图。

   （2）绘制程序流程图，仿真调试程序。

   （3）焊接电路，下载程序，测试功能。

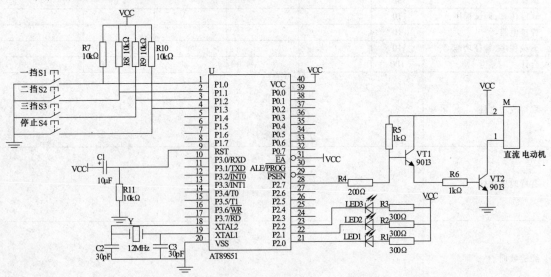

图 12-1 风扇调速电路原理图

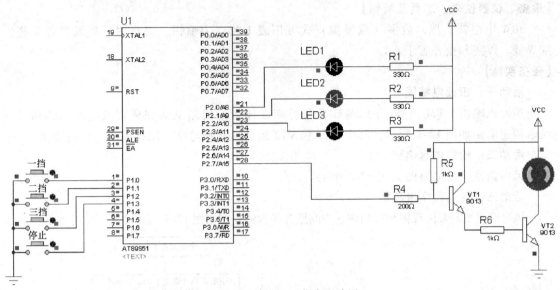

图 12-2　风扇调速仿真电路图

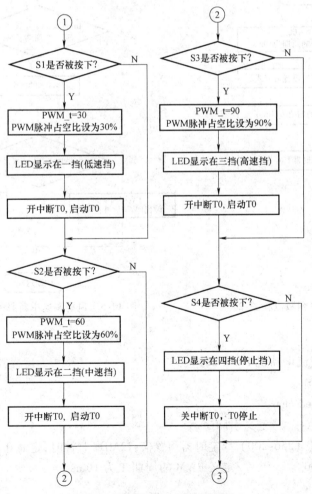

图 12-3　风扇调速主函数流程图-1

【设备、仪器仪表、工具及材料】

30W 电烙铁 1 把，数字（或模拟）式万用表 1 块，尖嘴钳、斜口钳、裁纸刀各 1 把，细导线、焊锡和松香若干。

【任务实施】

活动一：识读电路图

单片机输出 PWM 信号，用 PWM 信号控制晶体管的通断从而完成直流电动机的调速。风扇调速电路如图 12-1 所示，其中 VT1 和 VT2 组成达林顿电路，用以驱动电动机转动。

活动二：绘制仿真电路

风扇调速仿真电路图如图 12-2 所示。

活动三：绘制程序流程图

风扇调速主函数流程图和风扇调速中断服务函数流程图如图 12-3、图 12-4、图 12-5 所示。

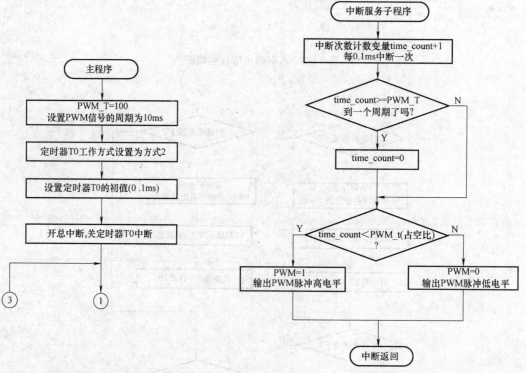

图 12-4　风扇调速主函数流程图-2　　　　图 12-5　风扇调速中断服务函数流程图

活动四：编程

```
//参考程序:风扇直流电动机 PWM 调速
#include <reg51.h>
#define uchar unsigned char
//------------------------定义引脚------------------------
#define   timer_data  (256-200)//定时器预置值,12MHz 时钟时,定时 0.1ms
#define   PWM_T 100           //定义 PWM 的周期 T 为 10ms
sbit LED1 = P2^0;
```

```
sbit LED2 = P2^1;
sbit LED3 = P2^2;
#define    STOP( )      LED1 = 1;LED2 = 1;LED3 = 1;PWM = 0;
#define    SPEED1( )    LED1 = 0;LED2 = 1;LED3 = 1;
#define    SPEED2( )    LED1 = 1;LED2 = 0;LED3 = 1;
#define    SPEED3( )    LED1 = 1;LED2 = 1;LED3 = 0;


uchar PWM_t;           //PWM_t 为脉冲宽度(0~100)时间为 0~10ms

uchar PWM_count;       //输出 PWM 周期计数
uchar time_count;      //定时计数


sbit PWM = P2^7;       //PWM 波形输出


sbit S1 = P1^0;        //一挡
sbit S2 = P1^1;        //二挡
sbit S3 = P1^2;        //三挡
sbit S4 = P1^3;        //停止
void main(void)
{
   PWM = 0;
   PWM_t = 0;
   TMOD = 0x02;          /*定时器 T0 为工作方式 2(8 位自动重装)*/
   TH0 = 0x216;   //保证定时时长为 0.1ms
   TL0 = 0x216;
   TR0 = 0;
   ET0 = 0;
   EA = 1;
   while(1)
   {
        if(S1 = = 0)
      {
          if(S1 = = 0)          //一挡
          {
                 PWM_t = 30;
                 SPEED1( );
                 ET0 = 1;
                 TR0 = 1;
```

```
                }
            }
        else if( S2 = = 0)
        {
            if( S2 = = 0)          //二挡
            {
                    PWM_t = 60;
                    SPEED2( );
                    ET0 = 1;
                    TR0 = 1;
            }
        }
    else if( S3 = = 0)
    {
        if( S3 = = 0)          //三挡
        {
                PWM_t = 90;
                SPEED3( );
                ET0 = 1;
                TR0 = 1;
        }
    }
        else if( S4 = = 0)
    {
            if( S4 = = 0)          //停止
            {
                STOP( );
                ET0 = 0;
                TR0 = 0;
            }
        }
    }
}
void t0( void) interrupt 1 using 0
{
    time_count + + ;
    if( time_count > = PWM_T)   //PWM 波的周期
    {
```

```
        time_count = 0;
    }
    if( time_count < PWM_t)        //PWM 波的脉宽
        PWM = 1;
    else
        PWM = 0;
}
```

活动五：软件仿真，并调试程序

由学生自己动手进行软件仿真，并调试程序。

活动六：焊接并装配电路

表 12-1 列出了风扇调速电路元器件列表。

表 12-1　风扇调速电路元器件列表

元器件名称	元器件标号	规格及标称值	数量
瓷片电容	C2、C3	30pF	2 个
电解电容	C1	10μF/16V	1 个
电阻	R7 ~ R11	10kΩ	5 个
	R1 ~ R3	330Ω	3 个
	R4	200Ω	1 个
	R5、R6	1kΩ	2 个
晶体管	VT1、VT2	9013	2 个
晶体振荡器	Y	12MHz	1 个
小风扇(直流电动机)	M		1 个
AT89S51	U	DIP40	1 个
IC 插座		DIP40	1 个
微动开关	S1 ~ S4		4 个
发光二极管	LED1、LED2、LED3		3 个
单孔万能实验板			1 块

活动七：下载程序，验证功能

由学生自己动手将程序下载到单片机中并验证其实际功能。

【相关知识】

脉冲宽度调制（Pulse Width Modulation，PWM），简称脉宽调制。它是利用微处理器的数字输出来对模拟电路进行控制的一种非常有效的技术，广泛应用于测量、通信和功率控制与变换等诸多领域。

利用单片机程序控制方式调制可得到 PWM 信号，也可以用带有 PWM 端口的单片机直

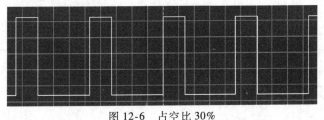

图 12-6　占空比 30%

接在程序中输入相应的参数从而得到所需的 PWM 信号。

保持 PWM 信号的周期不变，通过改变占空比来调节电动机的速度，如图 12-6、图 12-7、图 12-8 所示。

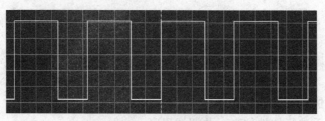

图 12-7　占空比 60%

图 12-8　占空比 90%

【任务拓展】

根据要求绘制仿真电路图和程序流程图，用 Keil μVision2 编写 C 语言源程序，并用 Proteus 进行仿真调试。

功能要求：制作一个四级变速的流水彩灯

用 4 个按键控制 8 个彩灯流水速度。流水速度设置为 4 挡：按下 S1 键，延时 0.1s；按下 S2 键，延时 0.2s；按下 S3 键，延时 0.3s；按下 S4 键，延时 0.4s。

【评价分析】

完成项目评价反馈表，见表 12-2。

表 12-2　项目评价反馈表

评价内容	分值	自我评价	小组评价	教师评价	综合	备注
识读电路图	10					
绘制仿真电路图	20					
绘制程序流程图	10					
编程	20					
软件仿真，调试程序	20					
焊接电路	10					
下载程序，验证功能	10					
合计	100					
取得成功之处						
有待改进之处						
经验教训						

项目十三　数字电压表

【任务描述】

在单片机实时控制和智能仪表等应用系统中，控制或测量对象的有关信号通常是一些连续变化的模拟信号，如温度、压力、流量及速度等。这些模拟信号必须转换成数字信号后才能输入到单片机中进行处理。本项目采用串行 A-D 转换芯片 ADC0832 采集 0～5V 连续变化的模拟电压，在四位数码管上显示出对应的电压值。0～5V 的模拟电压通过电位器来获得。

【学习目标】

1. 知识目标

（1）了解 A-D 转换器的工作原理。

（2）了解 ADC0832 的外围引脚功能和使用方法。

2. 技能目标

能使用 ADC0832 制作一个简易的数字电压表。

【任务分析】

在 8 个学时内完成如下工作任务：

（1）识读电路图，熟悉元器件的作用。

（2）绘制仿真电路图和程序流程图。

（3）编写程序，仿真调试。

（4）焊接电路，下载程序并验证功能。

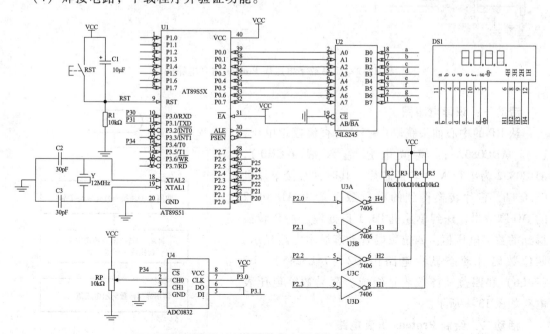

图 13-1　简易数字电压表电路图

【设备、仪器仪表及材料准备】

30W 电烙铁 1 把，数字（或模拟）式万用表 1 块，尖嘴钳、斜口钳、裁纸刀各 1 把，细导线、焊锡和松香若干。

【任务实施】

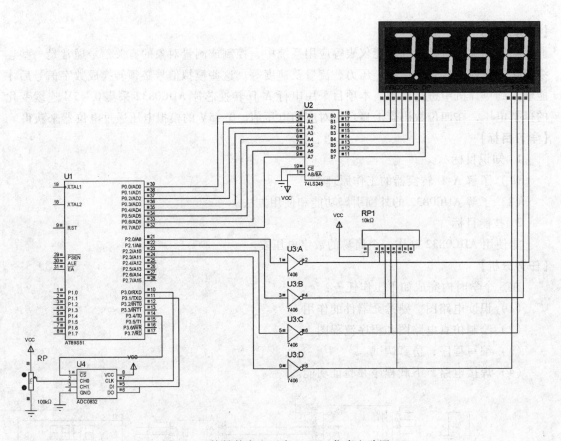

图 13-2　简易数字电压表 Proteus 仿真电路图

活动一：识读电路图

从 RP 的中心抽头获取 0～5V 的直流模拟电压，送到 ADC0832 的模拟电压输入端（CH0），ADC0832 为串行 A-D 转换芯片，其时钟端接单片机 P3.0 口，芯片转换得到的串行数字量由 ADC0832 的 DO 脚输出，送到单片机 P3.1 口处理。A-D 转换得到的数字电压值由四位数码管动态显示电路显示。四位数码管动态显示电路由 U2（74LS245）、U3（7406）和四位一体数码管组成。简易数字电压表电路如图 13-1 所示。

活动二：绘制 Proteus 仿真电路

简易数字电压表仿真电路图如图 13-2 所示。

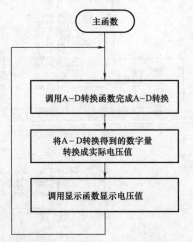

图 13-3　简易数字电压表主函数

活动三：绘制程序流程图

简易数字电压表主函数流程图如图 13-3 所示。

活动四：编程、仿真调试

将程序代码补充完整。

```c
//四位数字显示电压表
#include ＜reg51.h＞
#define uchar   unsigned char
#define uint   unsigned int
#define ulong unsigned long
//定义 ADC0832 串行总线操作端口
sbit CS = P3^4;        //将 CS 位定义为 P3.4 引脚
sbit CLK = P3^0;        //将 CLK 位定义为 P3.0 引脚
sbit DIO = P3^1;        //将 DIO 位定义为 P3.1 引脚

                        //DI 与 D0 引脚连在一起,输入与输出分时复用,因此命名为 DIO

unsigned char buf[] = {0,0,0,0};//显示缓冲区
uchar code SEG[] = {0x3f,0x06,0x5b,0x4f,0x66,0x6d,0x7d,0x07,0x7f,0x5f,0x00};//共阴
八段码表
uchar code POS[] = {0x01,0x02,0x04,0x08};
uchar   A_D(void);
/ *******************************************************
函数功能:将模拟信号转换成数字信号
*********************************************************/
uchar   A_D(void)
{
  uchar i,dat;
  CS = 1;  //一个转换周期开始
  CLK = 0;  //为第 1 个脉冲作准备
  CS = 0;  //CS 置 0,片选有效

  DIO = 1;    //DIO(DI)的起始信号
  CLK = 1;  //第 1 个脉冲
  CLK = 0;  //第 1 个脉冲的下降沿,此前 DIO(DI)必须是高电平
  DIO = 1;  //DIO(DI)置 1,通道选择信号
  CLK = 1;  //第 2 个脉冲,第 2、3 个脉冲下降沿之前,DI 端应输入两位数据用于选择通
道,这里选通道 CH0
  CLK = 0;  //第 2 个脉冲下降沿
  DIO = 0;  //DIO(DI)置 0,选择通道 0
```

```
    CLK = 1;        //第 3 个脉冲
    CLK = 0;        //第 3 个脉冲下降沿
    DIO = 1;        //第 3 个脉冲下沉之后,输入端 DIO(DI)失去作用,应置 1
    CLK = 1;        //第 4 个脉冲
    for(i = 0;i < 8;i + + )   //高位在前
    {
       CLK = 1;              //第 4 个脉冲
       CLK = 0;
       dat < < = 1;          //将下面储存的低位数据向左移
         dat| = (uchar)DIO; //将输出数据 DIO(DI)通过或运算储存在 dat 最低位
    }
    CS = 1;               //片选无效
    return dat;           //返回读出的数据
}
/ * ---------------延时 k * 1ms 子程序--------------------- * /
void delay(unsigned int k)
{
   unsigned int i,j;
   for(i = 0;i < k;i + + )
    {
       for(j = 0;j < 125;j + + )
       {;}
    }
}
/ * --------------显示子程序-------------- * /
void disp(void)
{
    uchar i,j;
    for(i = 0;i < = 3;i + + )
    {
        P2 = POS[i];
        j = buf[i];
        if(i = = 3)
        {
            P0 = _____;//在第 4 位数码管的右下角加小数点
        }
        else
```

```
        P0 = _____;//其他位正常显示
    delay(4);
  }
}
/*----------------主程序----------------------*/
void main(void)
{
uint AD_val;      //定义 A-D 转换数据变量
ulong digital_v;//储存 A-D 转换后的值
while(1)
{
    AD_val = A_D();      //进行 A-D 转换
    digital_v = _____;//将转换得到的数字量转换为电压值
    buf[0] = digital_v%10;
    buf[1] = digital_v%100/10;
    buf[2] = digital_v%1000/100;
    buf[3] = digital_v/1000;
    disp();
  }
}
```

活动五：焊接并装配电路

表 13-1 所示为数字电压表电路元器件列表。

表 13-1 数字电压表电路元器件列表

元器件名称	元器件标号	规格及标称值	数量
电阻	R1~R5	10kΩ	5个
电位器	RP	10kΩ	1个
AT89S51	U1	DIP40	1个
数码管	DS1	0.5″四位一体共阴	1个
晶体振荡器	Y	12MHz	1个
电解电容	C1	10μF/50V	1个
瓷片电容	C2、C3	30PF	2个
微动开关	RST		1个
74LS245	U2		1个
7406	U3A、U3B、U3C、U3D		4个
ADC0832	U4		1个
IC 插座		DIP18	1个
		DIP8	1个
		DIP40	1个
单孔万能实验板			1块

活动六：下载程序，测试功能

由学生自己动手将程序下载到单片机中并验证其实际功能。

【相关知识】

一、什么是 A-D 转换器

A-D 转换器又称为"ADC"（Analog Digital Converter），即"模拟数字转换器"，其作用是将模拟信号转换成数字信号，便于计算机进行处理。A-D 转换器种类很多，按转换原理形式的不同可分为逐次逼近式、双积分式和 V/F 变换式；按信号传输形式的不同可分为并行 A-D 和串行 A-D。并行 A-D 的优点是转换速度快、编程简单，缺点是硬件较为复杂、价格较高，主要应用于视频和音频采集等场合。串行 A-D 的优点是硬件电路简单、成本低，缺点是转换速度稍慢、编程稍微复杂一些，主要应用于速度要求不高的仪器仪表中。

A-D 转换过程如图 13-4 所示，模拟信号经过采样、保持、量化和编码后可转换为数字信号，该转换过程由集成芯片完成，使用比较方便。

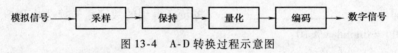

图 13-4　A-D 转换过程示意图

二、A-D 转换的主要技术指标

1. 转换时间

A-D 完成一次转换所需要的时间称为"转换时间"，转换时间越短，其转换速率就越高。

2. 分辨率

A-D 转换器的分辨率表示转换器对微小输入量变化的敏感程度，通常转换器用输出的二进制位数表示。例如，AD574 转换器可输出 12 位二进制数，即用 2^{12} 个数进行量化，其分辨率为 1vLSB（Least Significant Bit，最低有效位），用百分数表示为（$1/2^{12}$）× 100% = 0.0244%。

量化过程引起的误差称为量化误差。量化误差是由有限位数字量对模拟量进行量化而引起的误差。理论上将量化误差规定为一个单位分辨率的 ±1/2LSB，提高分辨率可减少量化误差。目前常用的 A-D 转换器的转换位数有 8、10、12 和 14 位等。

3. 转换精度

A-D 转换器的转换精度定义为一个实际 A-D 转换器与一个理想 A-D 转换器在量化值上的差值。

三、A-D 转换器 ADC0832

1. ADC0832 引脚说明

ADC0832 是美国国家半导体公司生产的一种串行接口的 8 位分辨率、双通道 A-D 转换芯片，具有体积小、兼容性强、性价比高等优点，应用非常广泛。

ADC0832 芯片共有 8 个引脚，其引脚排列和实物分别如图 13-5 和图 13-6 所示，各引脚功能如下：

1）VDD、VSS：电源接地端，VDD 同时兼任参考电压 U_{REF}。

2）$\overline{CS}$：片选端，低电平有效。

3）DI：数据信号输入端，通道选择控制。

4）DO：数据信号输出端，转换数据输出。

5）CLK：时钟信号输入端，要求低于600kHz。

6）CH0、CH1：模拟信号输入端（双通道）。

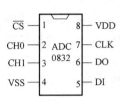

图 13-5　ADC0832 引脚排列图

图 13-6　ADC0832 实物

2. ADC0832 的控制方法

正常情况下，ADC0832 与单片机的接口应为
4 条数据线，分别是 CS、CLK、DO、DI。但由于
DO 端与 DI 端在通信时不能同时有效，且与单片
机的接口是双向的，所以通常将 DO 和 DI 并联在
一根数据线上使用。在本项目中，ADC0832 与单
片机的接口如图 13-7 所示。

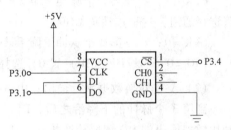

图 13-7　ADC0832 与单片机的接口

ADC0832 的工作时序如图 13-8 所示，其工
作过程可分为如下两个阶段。

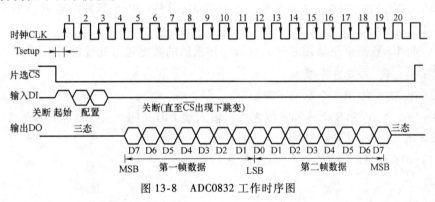

图 13-8　ADC0832 工作时序图

（1）起始和通道配置：由单片机发送，从 ADC0832 DI 端输入。

1）选中该芯片：当 ADC0832 未工作时，其 CS 输入端应为高电平，此时芯片禁用，
CLK 和 DO/DI 的电平可任意。当需要进行 A-D 转换时，需先将 CS 使能端置于低电平并且
保持低电平直到转换完全结束。

CS = 1；　//一个转换周期开始

CLK = 0；　//为第 1 个脉冲作准备

CS = 0；　//CS 置 0，片选有效

2）发送启动信号：由单片机向 ADC0832 的时钟输入端 CLK 输入时钟脉冲，DO/DI 端
则使用 DI 端输入通道功能选择数据信号。在第 1 个时钟脉冲的下降沿之前 DI 端必须是高电

平，表示起始信号。

> DIO = 1;　　//DIO（DI）置 1 的起始信号
>
> CLK = 1;　　//第 1 个脉冲
>
> CLK = 0;　　//第 1 个脉冲的下降沿，此前 DIO（DI）必须是高电平

3）发送通道选择信号：在第 2、3 个脉冲下降沿之前，DI 端应输入两位数据用于通道选择（CH0 或 CH1）。当此两位数据为 "1"、"0" 时，只对 CH0 进行单通道转换。当两位数据为 "1"、"1" 时，只对 CH1 进行单通道转换。当两位数据为 "0"、"0" 时，将 CH0 作为正输入端 IN＋，CH1 作为负输入端 IN－进行输入。当两位数据为 "0"、"1" 时，将 CH0 作为负输入端 IN－，CH1 作为正输入端 IN＋进行输入。

> DIO = 1;　　//DIO（DI）置 1，通道选择信号
>
> CLK = 1;　　//第 2 个脉冲，第 2、3 个脉冲下降沿之前，DI 必须发送输入的两位数据用于选择通道，这里选通道 CH0
>
> CLK = 0;　　//第 2 个脉冲下降沿
>
> DIO = 0;　　//DIO（DI）置 0，选择通道 0

（2）A-D 转换数据串行输出：由 ADC0832 从 DO 端输出，单片机接收。

到第 3 个脉冲的下降沿之后，DI 端的输入电平就失去输入作用，此后 DO/DI 端则开始利用数据输出端 DO 读取转换数据。从第 4 个脉冲下降沿开始由 DO 端输出转换数据的最高位（D7 位），随后每一个脉冲下降沿 DO 端输出下一位数据，直到第 11 个脉冲时发出最低位数据（D0 位），一个字节的数据输出才完成。从此位开始输出相反字节的数据，即从第 11 个脉冲的下降沿输出 D0 位，随后输出 8 位数据，到第 19 个脉冲时数据输出完成，标志着一次 A-D 转换结束。

最后，将 CS 置高电平禁用芯片，直接将转换后的数据进行处理就可以了。

```
CLK = 1;          //第 3 个脉冲
CLK = 0;          //第 3 个脉冲下降沿
DIO = 1;          //第 3 个脉冲下沉之后，输入端 DIO（DI）失去作用，应置 1
CLK = 1;          //第 4 个脉冲
for（i = 0；i < 8；i ++）   //高位在前
    {
    CLK = 1;              //第 4 个脉冲
    CLK = 0;
    dat << = 1;           //将储存的低位数据向左移，低位补 0
    dat | = （uchar）DIO;  //将输出数据 DIO（DI）通过或运算储存在 dat 的最低位
    }
    CS = 1;              //片选无效
```

【任务拓展】

按照功能要求绘制电路图和主程序流程图，编程并完成程序调试，焊接装配电路，下载程序，测试电路功能。

在该项目基础上，利用温度传感器 LM35 和运算放大器 LM324 制作一个数字温度表，要

求测量范围为 $0 \sim 100℃$。芯片资料介绍如下。

（1）LM35。LM35 为电压变化型温度传感器，其输出电压同摄氏温度呈线性关系，转换公式如下：

$$V_{\text{out\_LM35}}(T) = 10(\text{mV}/℃)T(℃)$$

$0℃$ 时输出为 $0V$，每升高 $1℃$，输出电压升高 10mV，在常温下不需要校准处理即可达到 $1/4℃$ 的准确率，其封装形式与引脚排列如图 13-9 所示。

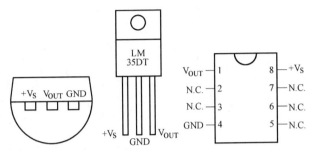

图 13-9 LM35 的封装形式与引脚排列

（2）LM324。LM324 是四运放集成电路，它采用 14 脚双列直插塑料封装，其外围引脚及内部结构如图 13-10 所示。它内部包含四组形式完全相同的运算放大器，除电源共用外，四组运放相互独立。11 脚接负电源，4 脚接正电源。

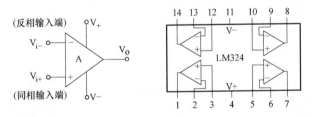

图 13-10 LM324 外围引脚及内部结构

【评价分析】

完成项目评价反馈表，见表 13-2。

表 13-2 项目评价反馈表

评价内容	分值	自我评价	小组评价	教师评价	综合	备注
识读电路图	10					
绘制仿真电路图	20					
绘制程序流程图	20					
编程，仿真调试	30					
焊接电路	10					
下载程序，验证功能	10					
合计	100					
取得成功之处						
有待改进之处						
经验教训						

综合模块

项目十四　感应烘手机

【任务描述】

感应烘手机常用于宾馆、酒店等公共场所中，它可以根据人体接近及红外感应情况，实现热风/凉风换挡、变换风速等功能，是一种智能控制装置。

【学习目标】

1. 知识目标

了解红外热释等传感器的使用方法。

2. 技能目标

通过该项目的训练，锻炼学生的综合职业能力，进一步熟悉单片机应用系统的调试过程。

【任务分析】

在 12 个学时内完成如下工作任务：

（1）识读电路图，掌握电路各元器件的作用。

（2）绘制程序流程图，编写程序。

（3）按照工艺要求焊接与装配电路，下载程序，测试电路功能。

【设备、仪器仪表及材料准备】

30W 电烙铁 1 把，数字（或模拟）式万用表 1 块，尖嘴钳、斜口钳、裁纸刀各 1 把，细导线、焊锡和松香若干。

【任务实施】

活动一：识读电路原理图

感应烘手机由电源、热释（人体接近）检测电路、红外感应检测电路、单片机控制部分、显示电路、风扇电路、加热（用灯泡模拟电热丝）电路及充电电路等组成。

1. 电源及充电电路

电源及充电电路如图 14-1 所示。

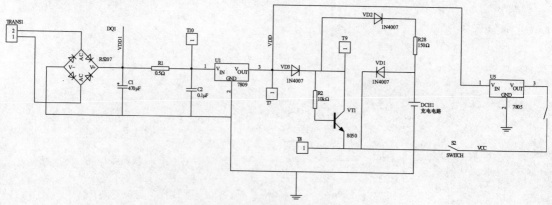

图 14-1　电源及充电电路

2. 单片机控制电路

单片机控制电路，如图 14-2 所示。

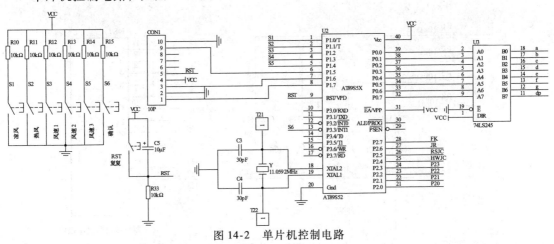

图 14-2　单片机控制电路

3. 热释（人体接近）检测电路

热释（人体接近）检测电路如图 14-3 所示。

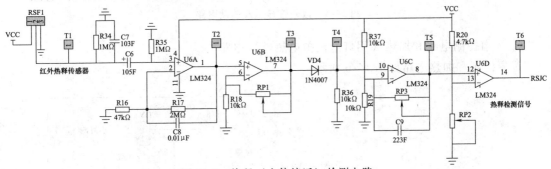

图 14-3　热释（人体接近）检测电路

4. 红外感应检测电路

红外感应检测电路如图 14-4 所示。

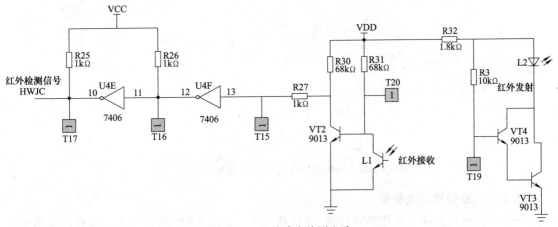

图 14-4　红外感应检测电路

5. 显示电路

数码管显示及驱动电路如图 14-5 所示。

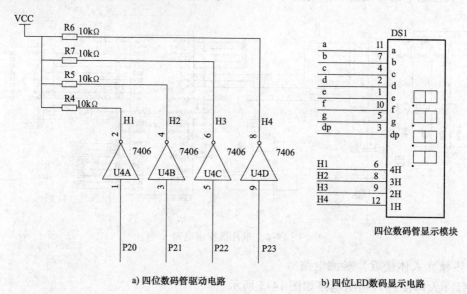

a) 四位数码管驱动电路   b) 四位LED数码显示电路

图 14-5　数码管显示及驱动电路

6. 风扇控制电路和加热（用灯泡模拟电热丝）电路

风扇控制和加热电路如图 14-6 所示。

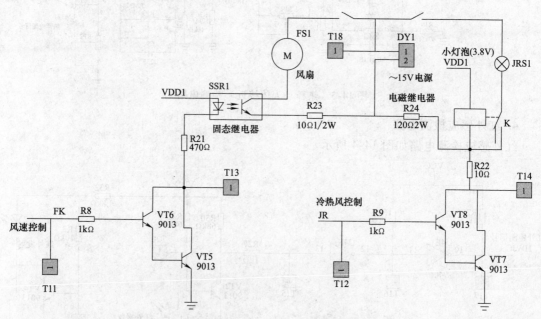

图 14-6　风扇控制和加热（用灯泡模拟电热丝）电路

活动二：绘制程序流程图

感应烘手机主程序流程图和定时器 T0 中断服务函数（PWM 调速程序）流程图如图 14-7 和图 14-8 所示。

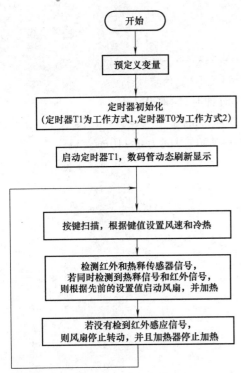

图 14-7 红外感应烘手机主程序流程图

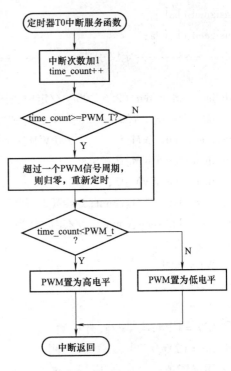

图 14-8 定时器 T0 中断服务函数
（PWM 调速程序）流程图

活动三：编程

```
//感应烘手机参考程序
#include < AT89X52. H >
unsigned char    dispcode[ ] = {0x3f,0x3f,0x3f,0x3f} ;//共阴段码表,显示 0000
unsigned char code dispcode0[ ] = {0x3f,0x3f,0x3f,0x3f} ;//共阴段码表,显示 0000
unsigned char code dispcode1[ ] = {0x06,0x06,0x06,0x06} ;//共阴段码表,显示 1111
unsigned char code dispcode2[ ] = {0x38,0x3f,0x3f,0x06} ;//共阴段码表,显示 L001
unsigned char code dispcode3[ ] = {0x38,0x3f,0x3f,0x5b} ;//共阴段码表,显示 L002
unsigned char code dispcode4[ ] = {0x38,0x3f,0x3f,0x4f} ;//共阴段码表,显示 L003
unsigned char code dispcode5[ ] = {0x76,0x3f,0x3f,0x06} ;//共阴段码表,显示 H001
unsigned char code dispcode6[ ] = {0x76,0x3f,0x3f,0x5b} ;//共阴段码表,显示 H002
unsigned char code dispcode7[ ] = {0x76,0x3f,0x3f,0x4f} ;//共阴段码表,显示 H003
unsigned char dispcount;
unsigned int fs;
unsigned int fs1;
unsigned int fs2;

unsigned char i;
```

```
unsigned char j;
unsigned char m;
//---------------定义引脚-------------------------------------

#define   timer_data(256-200) //定时器预置值,12M 时钟时,定时 0.1ms
#define   PWM_T 100          //定义 PWM 的周期 T 为 10ms
unsigned char PWM_t;          //PWM_t 为脉冲宽度(0~100)时间为 0~10ms
unsigned char PWM_t1;
unsigned char PWM_t2;
unsigned char PWM_count;  //输出 PWM 周期计数
unsigned char time_count;  //定时计数
sbit W0 = P2^0;
sbit W1 = P2^1;
sbit W2 = P2^2;
sbit W3 = P2^3;
sbit HW = P2^4;      //红外检测
sbit RS = P2^5;      //热释检测
sbit JR = P2^6;      //模拟加热
sbit PWM = P2^7;     //PWM 波形输出
sbit S1 = P1^0;      //凉风
sbit S2 = P1^1;      //热风
sbit S3 = P1^2;      //一挡
sbit S4 = P1^3;      //二挡
sbit S5 = P1^4;      //三挡
sbit S6 = P3^3;      //确认

bit rs;
bit hw;
bit feng;
bit feng1;
bit feng2;
/*---------------主函数------------------------------------ */
void main(void)
{
    JR = 1;       //停止加热
    PWM = 0;      //PWM 输出信号
    PWM_t = 0;    //设置 PWM 初值
    TMOD = 0x12;  //定时器 T1 为工作方式 1,定时器 0 为工作方式 2(8 位自动重装)
```

```
TH0 = 0x216;        //设置定时器 0 的定时时长为 0.1ms
TL0 = 0x216;
TH1 = (65536 – 500)/256;
TL1 = (65536 – 500)%256;        //设置定时器 T1 的定时时长为 0.5ms
TR1 = 1;                        //定时器 T1 启动
TR0 = 0;                        //定时器 T0 停止
ET0 = 0;                        //关定时器 T0 中断
ET1 = 1;                        //开定时器 T1 中断
EA = 1;                         //开总中断
while(1)
{
    if(P1_0 == 0)
    {
      if(P1_0 == 0)
        {
            feng1 = 0;          //设为凉风
        }
    }
    else if(S2 == 0)
    {
    if(S2 == 0)
        {
            feng1 = 1;          //设为热风
        }
}
else if(S3 == 0)
{
    if(S3 == 0)
        {
            PWM_t1 = 50;
            fs1 = 1;            //设置风速为一挡
        }
}
else if(S4 == 0)
{
    if(S4 == 0)
        {
            PWM_t1 = 65;
            fs1 = 2;            //设置风速为二挡
```

```
            }
        }
    else if( S5 = = 0 )
    {
            if( S5 = = 0 )
                {
            PWM_t1 = 80 ;
            fs1 = 3 ;              //设置风速为三挡
                }
        }
    else if( S6 = = 0 )
    {

            if( S6 = = 0 )
                {
                    feng2 = feng1 ;
                    PWM_t2 = PWM_t1 ;
                    fs2 = fs1 ;        //确认上述设置
                }
    }
    else   if( ( RS = = 1 ) && ( HW = = 1 ) )
    {
            if( ( RS = = 1 ) && ( HW = = 1 ) )
            {
                rs = 1 ;
                hw = 1 ;
                PWM_t = PWM_t2 ;
                feng = feng2 ;
                fs = fs2 ;         //若同时检测到热释信号和红外信号，则根据先前的设置值，
                                        启动风扇，并加热

            }
    }
    else   if ( HW = = 0 )
        {
                if ( HW = = 0 )
                    {
                    rs = 0 ;
                    hw = 0 ;
                    PWM_ t = 0 ;
```

```
                feng = 0;
                PWM = 0;
                fs = 0;          //若没有检测到红外感应信号,则风扇停止转动,并且加
                                   热器停止加热

            }
        }
    }
}
```

/ * ----------------定时器 T0 中断服务函数-------------------------- * /
```
void t0 (void) interrupt 1 using 0

{

            time_ count + + ;
            if (time_ count > = PWM_ T)

        {

        time_ count = 0;        //超过一个 PWM 信号周期,则归零,重新定时
        PWM_ count + + ;        //PWM 周期个数

        }

        if (time_ count < PWM_ t)
        PWM = 1;                //PWM 信号置为高电平
        else
        PWM = 0;                //PWM 信号置为低电平
}
```

/ * ----------------定时器 T1 中断服务函数-------------------------- * /
```
void t1 (void) interrupt 3 using 0
{
  TH1 = (65536 – 500) /256;     //重装定时器 T1 的定时时间常数
  TL1 = (65536 – 500) % 256;
        if((rs = = 0) && (hw = = 0))
    {

        JR = 1;         //若未检测到传感器信号,则停止加热,风扇停止转动
        PWM_ t = 0;
        TR0 = 0;
        ET0 = 0;
        for (j = 0; j < 4; j + + )
    {

        dispcode [j] = dispcode0 [j];     //数码管显示 0000

    }

}
```

```
if((rs==1)&&(hw==1))
    {
        PWM_t=65;        //若检测到传感器信号，设置 PWM 调速初始数据

        for (j=0; j<4; j++)
        {
        dispcode [j]=dispcode1 [j];        //正常工作，数码管显示 1111
        }

        if((feng==0)&&(fs==1))        //凉风,风速为一挡
        {
        JR=1;
        PWM_t=50;
        TR0=1;
        ET0=1;
        for (j=0; j<4; j++)
            {
        dispcode [j]=dispcode2 [j];        //数码管显示 L001
            }
    }
        if((feng==0)&&(fs==2))        //凉风，风速为二挡
        {
            JR=1;
            PWM_t=65;
            TR0=1;
            ET0=1;
            for (j=0; j<4; j++)
                {
            dispcode [j]=dispcode3 [j];        //数码管显示 L002
                }
    }
    if((feng==0)&&(fs==3))        //凉风，风速为三挡
    {
        JR=1;
        PWM_t=80;
        TR0=1;
        ET0=1;
        for (j=0; j<4; j++)
            {
```

```
            dispcode [j] = dispcode4 [j];        //数码管显示 L003
            }
        }
    if((feng==1)&&(fs==1))        //热风，风速为一挡
        {
            JR=0;
            PWM_t=50;
            TR0=1;
            ET0=1;
            for (j=0; j<4; j++)
            {
            dispcode [j] = dispcode5 [j];        //数码管显示 H001
            }
        }
    if((feng==1)&&(fs==2))        //热风，风速为二挡
        {
        JR=0;
        PWM_t=65;
        TR0=1;
        ET0=1;
        for (j=0; j<4; j++)
        {
        dispcode [j] = dispcode6 [j];        //数码管显示 H002
        }
    }
  if ( (feng==1) && (fs==3))        //热风，风速为三挡
    {
    JR=0;
    PWM_t=80;
    TR0=1;
    ET0=1;
    for (j=0; j<4; j++)
    {
    dispcode[j] = dispcode7[j];        //数码管显示 H003
    }
  }
}
P0 = dispcode[m];        //从 P0 口输出数码管显示段码
if(m==0)
```

```
    {
    W0 = 1；W1 = 0；W2 = 0；W3 = 0；        //设置对应的显示位
    }
    if（m = = 1）
    {
    W0 = 0；W1 = 1；W2 = 0；W3 = 0；        //设置对应的显示位
    }
    if（m = = 2）
    {
    W0 = 0；W1 = 0；W2 = 1；W3 = 0；        //设置对应的显示位
    }
    if（m = = 3）
    {
    W0 = 0；W1 = 0；W2 = 0；W3 = 1；        //设置对应的显示位
    }
    m + +；        //更换显示位置，定时刷新，动态显示四位数码管的内容
    if（m = = 4）
        m = 0；
}
```

活动四：焊接并调试电路

1. 识别与检测元器件

准确清点和检查全套装配材料数量和质量，进行元器件的识别与检测，筛选确定元器件，检测过程中填入表 14-1 中。

表 14-1　元器件识别与检测表

元器件	识别及检测内容			
		标称值(含误差)	测量值	测量挡位
电阻器 2 个	R1			
	R21			
电容器 1 个		标称值(μF)		介质
	C1			
接收管 1 个		C、E 间电阻		
	L1			
发射管 1 个		正向电阻		反向电阻
	L2			
晶体管 2 个	VT1	面对标注面,管脚向下,画出管外形示意图,标出管脚名称		
	VT6			
开关 1 个		画开关外形示意图(顶视图),标出公共端和各管脚的标示符		
	S3			
晶体振荡器 1 个		测量阻值		测量挡位
	Y			
继电器 1 个		画出管外形示意图标出公共端和常开常闭管脚		
	K			

2. 按照工艺要求焊接电路

（1）电子产品的焊点大小适中，无漏、假、虚、连焊，焊点光滑、圆润、干净，无毛刺；引脚加工尺寸及成形符合工艺要求；导线长度、剥头长度符合工艺要求，芯线完好，捻头镀锡。

（2）印制电路板插件位置正确，元器件极性正确，元器件、导线安装及字标方向均应符合工艺要求；接插件、紧固件安装可靠牢固，印制电路板安装对位；无烫伤和划伤处，整机清洁无污物。

表 14-2 为元器件列表。

表 14-2　元器件列表

序号	元器件标号	型号及参数	序号	元器件标号	型号及参数
1	C1	470μF	*39	R13	10kΩ
2	C2	0.1μF	*40	R14	10kΩ
*3	C3	30pF	*41	R15	10kΩ
*4	C4	30pF	*42	R16	47kΩ
5	C5	10μF	*43	R17	2MΩ
6	C6	105F	*44	R18	10kΩ
7	C7	103F	*45	R19	10kΩ
8	C8	0.01μF	46	R2	10kΩ
9	C9	223F	*47	R20	4.7kΩ
10	CON1	2.54 双排座	48	R21	470Ω
11	S1	微动开关	49	R22	10Ω
12	VD1	1N4007	50	R23(1/2 W)	10Ω
13	VD2	1N4007	51	R24(2W)	120Ω
14	VD3	1N4007	*52	R25	10kΩ
15	VD4	1N4007	*53	R26	10kΩ
16	E1	9V 电池和扣线	*54	R27	1kΩ
17	DQ1	电桥(RS207)	55	R28	150Ω
18	DS1	并体小七段码(JM-S03641AH)	*56	R3	10kΩ
19	DY1	两根电源焊接线	*57	R30	68kΩ
20	FS1	风扇	*58	R31	68kΩ
21	S2	微动开关	*59	R32	1.8kΩ
22	K	电磁继电器	*60	R33	10kΩ
23	JRS1	小灯泡(3.8V)	61	R34	1MΩ
24	RST	微动开关	62	R35	1MΩ
25	L1	红外接收管(5mm)	63	R36	10kΩ
26	L2	红外发射管(5mm)	64	R37	10kΩ
27	VT1	8050	*65	R4	10kΩ
28	VT2	9013	*66	R5	10kΩ
29	VT3	9013	*67	R6	10kΩ
30	VT4	9013	*68	R7	10kΩ
31	VT5	9013	*69	R8	1kΩ
32	VT6	9013	*70	R9	1kΩ
33	VT7	9013	71	RSF1	热释传感器(801)
34	VT8	9013	72	RP1	50kΩ
35	R1	0.5Ω	73	RP2	50kΩ
*36	R10	10kΩ	74	RP3	50kΩ
*37	R11	10kΩ	75	Q1	短路子(带帽)
*38	R12	10kΩ	76	Q2	短路子(带帽)

（续）

序号	元器件标号	型号及参数	序号	元器件标号	型号及参数
77	Q3	短路子（带帽）	85	U1	7809
78	Q4	短路子（带帽）	86	U2	AT89S52（带 IC 座）
79	S3	微动开关	87	U3	74LS245（带 IC 座）
80	S4	微动开关	88	U4	7406（带 IC 座）
81	S5	微动开关	89	U5	7805
82	SSR1	固态继电器	*90	U6	LM324
83	S6	微动开关	91	Y	晶体振荡器
84	TRANS1	两根电源焊接线			

注：序号带 * 号的元件为贴片元件。

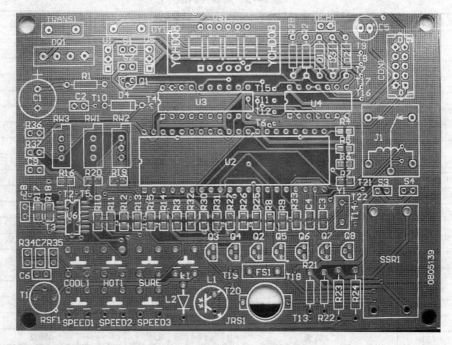

图 14-9　感应烘手机印制电路板图

图 14-9 为感应烘手机印制电路板图。

活动五：下载并调试程序

由学生自己完成。

活动六：调试电路

1. 调试并实现模拟烘手机基本功能

感应烘手机共设有凉风（S1 键）、热风（S2 键）、风速挡 1（S3 键）、风速挡 2（S4 键）、风速挡 3（S5 键）、确认（S6 键）和复位（S7 键）等 7 个键，正常工作时，TRANS1 接直流 +12V，DY1 接实验台交流 15V 挡，Q2 断开，Q1、Q3、Q4 闭合。

当接通电源或 S7 按下即电路复位时，模拟烘手机处于初始状态，显示"0000"。

当烘手机处在无效工作状态时，即热释检测电路和红外感应检测电路均没有检测到信号或者只有一个检测电路检测到信号时，显示"0000"。

当烘手机有效工作时，即热释检测电路和红外感应检测电路同时检测到信号时，显示"1111"。此时，烘手机状态由以下按键确定：

（1）依次按下 S1（P1.0）、S3（P1.2）、S6（确认），当烘手机有效工作时，显示"L001"，灯泡不亮，风扇低速（风速挡1）转动。

（2）依次按下 S1（P1.0）、S4（P1.3）、S6（确认），当烘手机有效工作时，显示"L002"，灯泡不亮，风扇中速（风速挡2）转动。

（3）依次按下 S1（P1.0）、S5（P1.4）、S6（确认），当烘手机有效工作时，显示"L003"，灯泡不亮，风扇高速（风速挡3）转动。

（4）依次按下 S2（P1.1）、S3（P1.2）、S6（确认），当烘手机有效工作时，显示"H001"，灯泡亮，风扇低速（风速挡1）转动。

（5）依次按下 S2（P1.1）、S4（P1.3）、S6（确认），当烘手机有效工作时，显示"H002"，灯泡亮，风扇中速（风速挡2）转动。

（6）依次按下 S2（P1.1）、S5（P1.4）、S6（确认），当烘手机有效工作时，显示"H003"，灯泡亮，风扇高速转动（风速挡3）。

2. 检测信号

利用仪器检测 T3、T4、T11、T22 的信号，记录波形参数并填写表 14-3 ~ 表 14-5。

（1）当手接近热释红外传感器时，记录 T3 的波形，并估计 T4 的频率，完成表 14-3。

表 14-3 测试点 T3 的波形与 T4 的频率记录表

T3：记录示波器波形	T4 频率
	频率：0Hz

（2）当依次按下 S1（P1.0）灯不亮、S5（P1.4）风速3、S6（确认）时，测试并记录测试点 T11 的波形参数，完成表 14-4。

表 14-4　测试点 T11 的波形及参数记录表

T11：记录示波器波形	示波器	电子计数器
	时间挡位：	频率读数：
	幅度挡位：	周期读数：
	峰峰值：	
	有效值：	占空比：

（3）测试点 T22 的波形并记录参数，完成表 14-5。

表 14-5　测试点 T22 的波形及参数记录表

T22：记录示波器波形	示波器	电子计数器	毫伏表
	时间挡位：	频率读数：	测量挡位：
	幅度挡位：		测量值：
	峰峰值：		

【评价分析】

完成项目评价表，见表 14-6。

表 14-6　项目评价表

评价内容	分值	自我评价	小组评价	教师评价	综合	备注
识读电路图	10					
绘制仿真电路图	20					
绘制程序流程图	20					
编程,仿真调试	30					
焊接电路	10					
下载程序,测试功能	10					
合　计	100					
取得成功之处						
有待改进之处						
经验教训						

附　　录

附录 A　　Keil C51 常用关键字

关键字	用途	说　明
break	程序语句	退出最内层循环
case	程序语句	switch 语句中的选择项
char	数据类型说明	单字节整型数或字符型数据
continue	程序语句	转向下一次循环
default	程序语句	switch 语句中的失败选择项
do	程序语句	构成 do…while 循环结构
double	数据类型说明	双精度浮点数
else	程序语句	构成 if…else 选择结构
for	程序语句	构成 for 循环结构
goto	程序语句	构成 goto 转移结构
if	程序语句	构成 if…else 选择结构
int(long、short)	数据类型说明	基本整型数(长整型数、短整型数)
signed (unsigned)	数据类型说明	有符号数(无符号数)
void	数据类型说明	无类型数据
while	程序语句	构成 while 和 do…while 循环结构
bit(sbit)	位标量声明	声明一个位类型(可位寻址) 的变量
sfr(sfr16)	特殊功能寄存器声明	声明一个 8 位(16 位)特殊功能寄存器
data	存储器类型说明	直接寻址的内部数据存储器
bdata	存储器类型说明	可位寻址的内部数据存储器
idata	存储器类型说明	间接寻址的内部数据存储器
pdata	存储器类型说明	分页寻址的外部数据存储器
xdata	存储器类型说明	外部数据存储器
code	存储器类型说明	程序存储器
interrupt	中断函数说明	定义一个中断函数
using	寄存器组定义	定义芯片的工作寄存器
reentrant	可重入函数说明	定义一个可重入函数
extern	外部调用函数或变量说明	置于变量或者函数前,在其他文件中标示该变量或者函数的定义

附录 B Keil C51 常见编译错误信息

1. 提示无 M51 文件

编译提示：

F：\ … \ XX. M51

File has been changed outside the editor, reload?

说明：无 M51 文件

解决方法：重新生成项目，产生 STARTUP. A51 文件即可。

2. L15

WARNING L15：MULTIPLE CALL TO SEGMENT

SEGMENT：? PR? SPI_ RECEIVE_ WORD? D_ SPI

CALLER1：? PR? VSYNC_ INTERRUPT? MAIN

CALLER2：? C_ C51STARTUP

说明：该警告表示连接器发现有一个函数可能会被主函数和一个中断服务程序（或者调用中断服务程序的函数）同时调用，或者同时被多个中断服务程序调用。

解决办法：

（1）可以定义两个相同功能的函数，分别在中断和中断外调用。

（2）在函数名后加 reentrant 说明，使该函数可重入。

3. L10 和 L16

编译提示：

WARNING L16：UNCALLED SEGMENT, IGNORED FOR OVERLAY PROCESS

SEGMENT：? PR? MIAN? MAIN

WARNING L10：CANNOT DETERMINE ROOT SEGMENT

说明：缺少主函数或程序中有些函数（或片段）调试过程中从未被调用过，或者根本没有调用它的语句。

解决办法：

（1）检查是否存在主函数 main. c。

（2）检查是否有未被调用过的函数。

4. C100 和 C141 和 C129

编译提示：

D：\ KEIL \ C51 \ INC \ REG52. H（1）：error C100：unprintable character 0xA1 skipped

D：\ KEIL \ C51 \ INC \ REG52. H（2）：error C141：syntax error near ′#′

D：\ KEIL \ C51 \ INC \ REG52. H（2）：error C129：missing ′;′before′ < ′

说明：程序里有中文标点。

解决方法：检查程序中有无中文标点符号，用半角英文重新写一遍即可。

5. L104

编译提示：

ERROR L104：MULTIPLE PUBLIC DEFINITIONS

SYMBOL：MAIN

ERROR L104：MULTIPLE PUBLIC DEFINITIONS

SYMBOL：＿ DELAYMS

说明：程序中重复定义了标号 MAIN、＿ DELAYMS 等。

解决方法：检查并修改程序中重复定义的标号。

6. C206

编译提示：

warning C206：′delay′：missing function-prototype

说明：delay 函数未作声明或未作外部调用声明，所以无法被其他函数调用。

解决方法：在程序的最前端需要对函数 xxxx 作声明，如果是其他文件的函数则要写成 extern　xxxx，即作外部调用声明。

7. 280

编译提示：

Warning 280：′i′：unreferenced local variable

说明：局部变量 i 在函数中未作任何的存取操作。

解决方法：删除函数中对变量"i"的声明。

8. C237

编译提示：

error C237：′delay′：function already has a body

说明：函数名称重复定义，其中有两个以上完全一样的函数名称。

解决方法：修改函数的名称，使之不再重复出现。

9. 318

编译提示：

error：318：can′t open file 'beep. h'

说明：程序编译过程中找不到头文件"beep. h"。

解决方法：编写一个文件名为"beep. h"的头文件并存入到当前工作目录中。

参 考 文 献

[1] 张毅刚. 单片机原理及应用 [M]. 2 版. 北京：高等教育出版社，2010.

[2] 王静霞. 单片机应用技术 [M]. 北京：电子工业出版社，2010.

[3] 王东锋，王会良，董冠强. 单片机 C 语言应用 100 例 [M]. 北京：电子工业出版社，2009.

[4] 张靖武. 单片机系统的 PROTEUS 设计与仿真 [M]. 北京：电子工业出版社，2007.

[5] 马忠梅. 单片机的 C 语言应用程序设计 [M]. 4 版. 北京：北京航天航空大学出版社，2007.

[6] 越亮，侯国锐. 单片机 C 语言编程与实例 [M]. 北京：人民邮电出版社，2003.